U0352353

女孩，你要学会爱护生命
女孩，你要懂得保护自己

—— 女孩，你的人身安全比什么都重要 ——

向 阳◎著

网络诱惑

黑车失联

毒品危害

烟酒危害

离家出走

航空工业出版社
·北 京·

内容提要

　　近年来，发生在女孩身上的安全事件触目惊心，女孩的人身安全问题引起全社会的重视。本书通过大量真实的案例，分别从自我保护、校园生活、早恋与性、社会交往、网络陷阱、如何和陌生人打交道、自我防卫技巧、珍爱生命等多个方面进行深入剖析，并提出了具体的保护措施和自救方法，以期让女孩的人生远离伤害，远离危险，少一些遗憾，多一些快乐。同时告诉女孩，生命是一次单程的旅行，任何人的生命都不可能重来，因此要认识到生命的可贵，懂得尊重生命、敬畏生命、珍惜生命。

图书在版编目（CIP）数据

女孩，你要学会爱护生命　女孩，你要懂得保护自己 /
向阳著 . — 北京：航空工业出版社，2021.8
　　ISBN 978-7-5165-2562-3

　　Ⅰ . ①女… Ⅱ . ①向… Ⅲ . ①女性－安全教育－青少
年读物 Ⅳ . ① X956-49

中国版本图书馆 CIP 数据核字（2021）第 097204 号

女孩，你要学会爱护生命　女孩，你要懂得保护自己
Nühai, Ni Yao Xuehui Aihu Shengming　Nühai, Ni Yao Dongde Baohu Ziji

航空工业出版社出版发行
（北京市朝阳区京顺路 5 号曙光大厦 C 座四层　　100028）
发行部电话：010-85672688　　010-85672689

三河市双升印务有限公司印刷　　　　全国各地新华书店经售
2021 年 8 月第 1 版　　　　　　　　2021 年 8 月第 1 次印刷
开本：710×1000　1/16　　　　　　　字数：168 千字
印张：12.25　　　　　　　　　　　　定价：42.80 元

前言

近年来，女孩遭受性侵害、失踪、乘车遇害等案件频发，每次报道一出来都会引起不小的社会恐慌。在这些受害女孩当中，有的因为搭了黑车，结果惨遭对方的强暴甚至是杀害；有的因为相信了陌生人的哄骗，结果被拐卖进了偏远的山村，难以回家；甚至有的女孩仅仅因为热心帮助一个孕妇回了趟家，如花的生命就永远消失在了这个世界上。

我们不妨站在受害者父母的角度想一想，他们会承受怎样的痛苦？女孩，如果你不希望自己的父母遭受这种打击，那么今天就必须学会保护自己，让自己平平安安，让父母不再为你的安全牵肠挂肚。

女孩，你知道吗？你的人身安全比什么都重要。任何时候，你的平安健康都将是父母最大的心愿。父母希望你能够养成良好的自我保护意识，明白这个世界上哪些行为是危险的，并且可以依靠智慧来应对危险。

女孩，你知道吗？在学校这个你心中最纯洁的世外桃源里，其实也会有威胁、有恐吓、有猥亵，你要擦亮你的眼睛，学会保护好自己，这样才能安然地享有一份美好、快乐的校园生活。即使有一天你面对你最熟悉的男同学、男老师、男校长时，也应该保持一份警惕，时刻记住：拒绝任何人抚摸

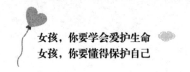
你的身体。一旦遭遇这样的事情，记得一定要第一时间回家告诉父母，而不要隐瞒下去。

女孩，你知道吗？这个社会，其实比你想象的复杂得多，它既有光亮也有暗影。希望你在这个复杂的世界学会保护好自己。你应该远离烟酒、毒品的诱惑；不要参与赌博、麻将这些低俗的娱乐活动；平时养成不坐黑车的习惯；避免与异性独处一室，以免让对方有可乘之机；不要相信"天上会掉馅饼"的好事。

女孩，你知道吗？学会拒绝他人，学会带着防备心去帮助他人真的很重要。比如，当你遇到陌生人的求助时，你应该懂得量力而行，你要清楚有些忙可以帮，而有些忙却不可以帮。比如，有陌生人请求你送他回家，你应该坚决地予以拒绝，因为你一旦踏进他的家门，就有可能把自己送入了一个危险的境地，想要脱身就很难了。再比如，有一天你走在路上，碰到陌生人热情地与你搭讪或者向你示好，你最好尽快离开对方，因为接下来等着你的可能是陷阱。

女孩，你知道吗？早恋看起来很美，但结果往往也是苦涩的。陷入早恋之中的你，很容易被所谓的爱情冲昏了头脑，也很容易被对方的甜言蜜语哄骗，最终做出一些让你悔恨终生的事情来。女孩，青春期的你们，无论身体还是思想都处在一个尚不成熟的阶段，这个时候的你们，对真正的爱情缺乏客观的认识和感悟，很可能由于各种各样的原因导致分手。所以，希望你能够保持一份理性和清醒，切不可轻易奉献出自己宝贵的贞操，做出伤害身心的危险行为来。

女孩，你知道吗？你的童贞非常宝贵，你一定要用心呵护它。如果有一天，你遇到一个男生对你说："如果你不愿意付出你的身体，就说明你不够爱我。"这时，希望你清醒地告诉自己："真正的爱情不需要靠性关系来证明。"真正美好的爱情是，即使一方身患重病、遭遇不幸，另一方也能对其不离不弃。如果一个男生将性和爱对等起来，那么请你毫不犹豫地转身离开。

女孩，你知道吗？网络是一把双刃剑，利用得好，它会帮你增长见闻，拓展认知；利用得不好，它会把你推向万丈深渊。要知道，网络是虚拟的，网络上的知识要多学，但网络上的中奖信息、陌生人的甜言蜜语不能相信。因此，请你不要把个人信息暴露在网络里，也不要随便相信网友的个人信息，因为假象太多，包括学历、性别、善恶都是你所不能确定的，所以，在网络世界里你不能太天真。

女孩，你知道吗？面对危险时，最好的防卫武器是你自己。因此，平时你应该尽可能地学习一些自我保护的技能和方法，这些技能和方法说不定在你哪天遇到危险时就派上用场了。毕竟，有备无患总归是好的。再有，对于女孩而言，自尊自爱、远离危险才是最为重要的防护措施，你懂得爱自己，不给别人伤害自己的机会，很多危险就自觉离你远去了。

女孩，你知道吗？无论何时，父母都是你在这个世界上最为信任的人。无论你犯了多大的错误，受了多大的委屈，都可以敞开心扉，毫无保留地告诉父母，和父母一起去面对。就算某天和父母闹别扭了，也不可以赌气离家出走。

总之，作为女孩你要牢记：学会保护自己，比什么都重要。

目录

第一章　女孩，你一定要学会保护自己

生命是美好的，也是脆弱的，就像天空的小鸟，有可能在我们抬头一瞬间，就消失得无影无踪。世界是美好的，也是复杂的，它随时可能会给我们带来伤害。尤其是对年少的女孩来说，无论身处何地，都要学会保护自己。跳动的生命，才能熠熠生辉。

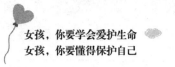

第二章　保护好自己，校园生活才能更美好

> 女孩，校园是你学习的主要场所，在这里充满知识、友谊、快乐，但也会有一些不和谐音符，甚至有一些潜在的危险。希望你能够增强自我保护意识，学会一些保护自己的方法，这样才能够安然享受舒心的校园生活。

第三章　社会比你想的要复杂，千万不要迷失自己

> 校园生活是单纯而美好的，可社会就不一样了，它比校园复杂得多，各种诱惑也很多。那么，面对社会生活，需要注意哪些问题呢？抽烟、喝酒、赌博这些恶习是不能有的，也不要乘坐黑车，还要远离酒吧、娱乐场所等是非之地，为的是身心健康，为的是防止上当受骗……

第四章　谨慎对待陌生人，拒绝诱惑不受骗

有一句流传很广的话叫"不要和陌生人说话"，为什么不要和陌生人说话呢？因为相对于熟人，陌生人充满了未知和不确定性，存在更多的潜在危险。我们面对陌生人时一定要谨慎，不能太单纯，谨慎对待陌生人的来电，陌生人问路要警惕，不要轻易送陌生人回家……

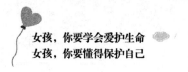
第五章　早恋是美好的，但结果往往是苦涩的

　　爱情是人类永恒的主题，是甜蜜而美好的。然而，青春期的爱情则像一枚未成熟的青苹果，酸涩无比，摘下它，有时候还会给自己带来伤害。所以，在应该好好学习的年龄段，女孩最好还是与青春期爱情保持一份距离，等到瓜熟蒂落时，再去品尝它的甜蜜吧！

第六章　正确对待性萌动，不要偷尝禁果

　　性和爱情一样是人类永恒的主题，且主宰着人类的繁衍生息，它神秘又充满诱惑。如果说青春期的爱情像一枚青苹果，那么青春期的性更像是一枚禁果，它不仅苦涩无比，而且如果你过早地偷吃它，还可能会遭受惩罚。所以女孩，这一时期你要抵制住诱惑，任何情况下都不要偷吃禁果，等到果子成熟时再去享受它的甜蜜吧！

第七章　提高警惕，当心各种网络陷阱

　　现在是网络信息时代，几乎每个人的学习、生活、工作都离不开网络。所以，父母不可能禁止你接触网络。但你必须清楚，网络是一把双刃剑，在带给我们便利的同时，也有可能被坏人利用，比如坏人利用网络来行骗，传播不良信息，设置种种交友、购物陷阱等，对此你一定要提高警惕。

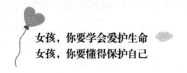

第八章　内心强大，是女孩最好的防卫武器

女孩，针对可能遇到的危险和伤害，这本书已经给你讲了很多种方法，但是你知道保护自己最有力的武器是什么吗？家人的保护？朋友的帮助？警察叔叔对坏人的惩罚？都不是。最好的防卫武器是你自己——是你强大的内心，是你智慧的大脑，是你强烈的自我保护意识，是你熟练掌握的自我保护技巧……

第九章　任何时候，生命都是最宝贵的

每个孩子都是父母的掌上明珠，父母永远都是你最可信赖的人。无论遇到什么事情，遇到什么困难，你都应该跟父母说，向父母求助。千万不要用稚嫩的肩膀独自承受压力和痛苦，更不能一时想不开而做出自我伤害的傻事。要记住，任何时候，生命都是最宝贵的。

第一章

女孩，你一定要学会
保护自己

生命是美好的，也是脆弱的，就像天空的小鸟，有可能在我们抬头一瞬间，就消失得无影无踪。世界是美好的，也是复杂的，它随时可能会给我们带来伤害。尤其是对年少的女孩来说，无论身处何地，都要学会保护自己。跳动的生命，才能熠熠生辉。

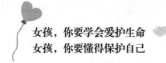

女孩，你要有保护自己的意识

世界是光明的，但在很多地方，也有暗影。通常来说，危险和阴暗的魔爪容易伸向弱者，这就要求女孩们一定要有保护自己的意识，对周遭可能的危险做到防患于未然。否则，危险临近时还浑然不知，等陷入险境时，想逃脱就难了。

15岁的中学生小芸放暑假了，她打算乘坐火车前往厦门，和在那里打工的父母会面。结果，在火车站，她没能买到当天的票，只好买了第二天凌晨的票。买完票后的小芸口袋里只剩150元钱了，囊中羞涩的她舍不得去宾馆住宿，返回家里也太远，于是她只好在候车大厅呆坐着。正当小芸郁闷的时候，突然一个声音在耳边响起："姑娘，是不是遇到什么难事了？"小芸回头一看，是一个面容和善的60来岁的老人，于是就跟他诉说了情况。听完小芸的话，老人很同情地说："出门在外难免遇到不顺心的事情。不过呢，这事倒也不难解决，要是你不嫌弃就到我家住一晚上吧！"不谙世事的小芸一听可以不用露宿街头了，没有多想就答应了。

两人出了火车站，穿过几条巷子就来到了老人的家。一进门，小芸就有些疑惑了，一个窄小的房间里只放着一张单人床，这怎么能睡得开呢？而且男女同屋也很不方便啊！还没等小芸开口询问，就听见老人在她身后把门锁上了。

小芸吓了一跳，转过身来时，那个和善的老人突然露出了狰狞的面目。

老人威胁她不许逃跑，否则就杀了她。小芸见此状况，吓得浑身发抖。接着老人靠近过来，将小芸抱住，亲吻小芸。就在老人试图脱去小芸的上衣时，小芸慌乱中抓起床头的烟灰缸猛地砸向老人的额头，老人应声倒地，小芸趁机仓皇而逃。

女孩，你能想象到小芸与图谋不轨者"战斗"的画面吗？假设小芸没有将对方打倒，没有趁机逃掉，后果将不堪设想。如果小芸一开始就有较强的自我保护意识，对陌生人有基本的防备之心，想必也就不用经历这种担惊受怕的事吧？

从心理学角度而言，自我保护意识除了是一种本能，是一种维持生命不可缺少的自觉行为，更是一个经验积累的过程。换句话说，自我保护意识的培养需要不断地总结经验教训，直到它有一天成为我们的本能意识。所以，女孩具备自我保护意识很重要，它是险情的灭火器，是阻断伤害的保护伞，更是帮助自己脱离险境的救生衣。

女孩，当你不断地提醒自己要加强自我保护意识之后，你就会发现，它已经内化进你的生命里了。有了它，你会更加理性地与陌生人相处，也会慢慢意识到每个行为可能导致的不好结果。这样的话，你在做事之前，就懂得趋利避害，主动对危险的环境说"不"。

那么，怎样才能让自己具有强大的自我保护意识呢？

1. 养成预见后果的习惯

女孩，你知道吗？很多危险一开始并不可怕，但是由于当事人对危险毫无察觉，任其发展，导致后果严重得不可收拾。所以，女孩从小要养成评估自己行为会带来什么后果的习惯，在做出每一个决定之前，应该想一想："这样做会给自己带来危险吗？"如果答案是"可能给自己带来危险"，那么你要进一步思考："我能轻松化解这个危险吗？"如果你的回答是肯定的，那你不妨去做。如果你的回答是否定的，那你最好谨慎行事。这与胆小

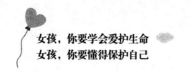

软弱无关，而是出于对自己人身安全负责，是为了保护自己。

2. 平时多关注与安全有关的新闻

女孩，"见多识广"这个词对培养自我保护意识很有意义，只要你平时养成关注安全新闻的习惯，善于从案例中吸取自我保护经验，就可以有效地预防同样的悲剧发生。举个例子，如果你关注了2013年那则"善良女孩送孕妇回家，反被性侵，性侵不成又被残忍杀害"的新闻，那你就能明白陌生人的求助可能暗藏危险，下次遇到陌生人类似的求助时，你可以有技巧地帮助对方。比如，帮她叫个出租车，而不是贸然送她回家。很多时候，你表现的是一片善意，但在坏人眼里，你的善意很可能是他们伤害你的突破口。因此，你应该多关注惨痛案例，从而强化自我保护意识。

3. 让自我保护成为一种习惯

有研究发现：人的行为70%以上都是习惯行为。俄罗斯教育家乌申斯基曾说过："如果你养成好的习惯，你一辈子都享受不尽它的利息；如果你养成了坏的习惯，你一辈子都偿还不尽它的债务。"女孩，如果你把自我保护变成一种习惯，时刻把自己的安全放在第一位，相信危险会自动远离你。当然，要想养成自我保护的习惯，你有必要牢记一些自我保护常识。比如，与异性交往保持一定距离，外出要遵守交通规则，不要随便相信陌生人的话，等等。久而久之，这些常识和规则会成为你的本能，内化于心，外化于行，成为你的行为习惯。

女孩，不要为了任何事情丧失做人的基本原则

"勿以恶小而为之，勿以善小而不为。"做事有做事的规矩，做人有做

人的原则，不能因为坏事很小就去做，否则就容易丧失做人的基本原则，丢失人性中最宝贵的品质，让自己无尽懊恼。

安徽省桐城市公安局某刑警中队曾接到一名电子产品店店主周某的报案，称其放在收银台上的一部苹果手机被盗。通过查询监控，侦查员发现，当日17时许，两名初中女生进入店内，其中一名梳着马尾辫的女孩在接触过收银台后匆忙离开。通过调查走访，侦查员最终锁定了嫌疑人身份为初二女生汪某。当晚，侦查员赶赴汪某家中，将涉嫌盗窃的嫌疑人汪某抓获归案，现场起获被盗苹果手机一部。

经讯问得知，当日下午，犯罪嫌疑人汪某逛街至电子产品店，发现柜台上摆放了一部苹果手机，因虚荣心作祟，汪某顺手牵羊盗走手机。汪某还供述，她于当年5月份，在桐城市某手机广场，用同样方法盗窃了一部价值1300元的某品牌国产智能手机。

女孩，千万不要像案例中的汪某那样去偷盗。这种行为不仅仅是"不应该的"，更是一种违法行为。爱慕虚荣的攀比心理，既害人又害己，你千万不要因为一时的贪念，而做出损害一生的不理智举动来。

无论男女老少，贫富贵贱，人人都有自尊心。但若自尊心扭曲就会变成虚荣心，它是一种追求虚表的性格缺陷。从这个角度上讲，虚荣心其实是一种过度自尊的表现。人都有虚荣心，只是程度不同罢了，虚荣心本身并不算是一种恶行，但很多恶行却是因为虚荣心而起。比如，有些人为了满足自己的虚荣心，不惜铤而走险违法犯罪，葬送了自己的青春。所以，我们应该时刻警惕虚荣心的危害。

对于女孩而言，一定要自尊自爱，要像一朵高贵的雪莲花那样冰清玉洁，也要像一朵带刺的玫瑰花那样珍视自己的美丽。千万不可为了追求虚荣的物质享乐，而轻易丢失了自尊，忘记正直做人、光明做人的原则。物质方

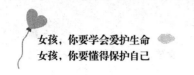

面的缺失可以靠赚钱弥补回来，但做人的基本原则一旦违背，女孩的尊严、美丽与人格都将变得暗淡无光。

在我们身边，不乏一些虚荣心过盛的女孩。有的女孩仅仅为了买件漂亮的衣服、买双漂亮的鞋子，就出卖自己的童贞；还有的女孩为了得到一部名牌手机，就随便跟与自己父亲年龄相仿的大叔去开房。女孩，这样的人生是有残缺的，希望你能珍爱自己的身体，因为身体发肤皆受之于父母；也希望你无愧于自己的人格和尊严，因为那是你最珍贵的内在美。

女孩，多学学美丽的奥黛丽·赫本吧！赫本在年轻的时候，几乎可以说是攫取了全世界男人的心，她简直就是上帝的宠儿，是落入人间的天使，有着近百年来无人超越的顶级美貌。可是，除了那惊为天人的美貌，她还有源于灵魂深处的高贵魅力。她的一生，是真正精彩丰富的一生，坦坦荡荡，不曾用美貌去交换过任何东西。她会勇敢大胆地去追求自己想要的爱情，也会毫不吝啬地把关爱和金钱用于救助非洲那些饥饿的儿童。

女孩，希望你也能成长为拥有人格魅力的人。精神上永远丰富、独立，不会为了任何事情而丧失做人的基本原则，不会为了任何的物质享乐而随随便便把自己出卖，这才是女孩应有的独特美，是美丽的最高境界。

远离黑车、黑酒吧，社会比你想的要复杂

黑车是城市中挥之即来、穿街走巷，极为便利的交通工具，但正因为没有正规的运营资质，也让它们暗藏着巨大的危险。有些黑摩的"见缝插针"地在大街小巷上横冲直撞，无视交通法规，而且收价没有规范。更可怕的是，有些黑车司机心怀不轨，抓住一切机会去加害那些坐他车的女孩。

几年前，女大学生小金独自乘火车抵达济南火车站，她准备前往济南西站转车。出站后，黑摩的司机戴某向小金搭讪，由于打不上正规出租车，她就坐上了该男子的车。

就在小金坐上黑摩的之后，戴某对她起了歹意。他先是把小金拉到偏僻处实施了强奸，随后又将她带到了自己的出租房内囚禁了起来。

后据警方介绍，囚禁期间戴某对受害人小金严加看管，甚至在晚上睡觉时都将其手脚捆住，嘴堵住。戴某在四天的时间内，对小金多次实施捆绑、恐吓、打骂、强奸。

在经历了四天非人的囚禁之后，小金趁戴某出门买快餐的机会用手机向朋友发出了一条求救短信。济南市公安局接到消息后，立刻进行了大规模的排查。两小时后，警察终于从一处出租房内将小金解救出来，并抓获了52岁的犯罪嫌疑人戴某。但此时的小金，已经精神恍惚，身上也有多处受伤。

除了这个案件，近年来类似的女孩失踪、被害案件在全国各地也屡见不鲜。比如，20岁女大学生在重庆市错搭了一辆黑车导致不幸遇害；上海浦东16岁的少女在暑假第一天的回家途中被黑摩的司机杀害；陕西省汉中市南郑县一名11岁的女孩被黑摩的司机诱骗并杀害。

看到这么多"黑车案件"，女孩，你是否有些触动呢？为了自己的人身安全，建议你远离黑车，选择正规的交通工具。如果你一时疏忽或实属无奈不得不乘坐黑车去往目的地，那你一定要记住以下几点：

1. 勤联络

在上车前，记录或拍下所乘车辆的车牌号以及司机的样貌特征等信息，发给自己的家人或朋友。并确保自己的手机通畅，在必要的时候能够及时对外联络。

2. 藏财物

最好在上车之前，就准备好乘车所需的零钱。如果是手机扫码支付，你

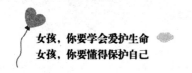
要握紧手机，动作利落。千万不要在车上随意暴露自己的财产，比如钱包、首饰等贵重财物，以免引起坏人的歹意。

3. 免争执

要避免与司机发生口角，也不要用言语激怒对方。

此外，一旦处于危险境地，你应该抓住任何可能的机会，向外界及时发出求救信息，这对能否脱险至关重要。比如，上述女大学生在济南被囚禁的案件中，小金就是趁嫌疑人不备，偷偷使用手机给朋友发了一条求救短信，才最终被警察解救出来。

除了黑车不安全，黑酒吧也是暗藏危险的地方。《中华人民共和国预防未成年人犯罪法》规定，营业性歌舞厅以及其他未成年人不适宜进入的场所，应当设置明显的未成年人禁止进入标识。正规酒吧有责任核实顾客的身份证以证明其真实年龄。所以，未成年的女孩，能够让你进入的极可能是不正规的黑酒吧。

16岁生日那天，玲玲和好朋友晓菲、晓雯在一家饭店庆祝生日。饭后，大家觉得不尽兴，决定到附近的酒吧"嗨"个够！这个酒吧很有文化气息，布局貌似某个电影中的场景，舒缓和劲爆的音乐交替播放营造着氛围。为了不让家人担心，玲玲劝两个好友不要喝酒，只点几杯饮料。

没过多久，好友晓菲在酒吧遇到一个熟悉的男生，他有两个同伴，于是六个人坐在一起聊天，玩得很开心。男孩们很大方地请三个女孩喝酒、喝饮料。晓菲和晓雯没有拒绝，很快就晕头转向。玲玲家教比较严，有所防备，坚决不喝酒，只喝了一小口饮料。

狂欢结束后，该怎么送两个好友回家呢？此时，三个男生自告奋勇提出送她们回家。玲玲见其中一人和晓菲很熟悉，就没有在意，于是放心地让三人送两个姐妹回家了。谁知那三人并没有把两个女孩送回家，而是将她们带到了一家宾馆，并对她们实施了侵犯。虽然那三人最终受到了应有的惩罚，但晓菲和晓雯受到的伤害，却再也无法挽回了。

青春期是好奇心强的年纪，有些女孩对娱乐场所特别感兴趣，因为这里有绚丽的灯光、劲爆的音乐和优雅舒适的环境，这些容易给人带来视觉上的冲击与心理上的诱惑。所以，当有人邀请去往酒吧、歌舞厅等场所时，有些女孩自然就去了。可是女孩，你知道吗？这些地方鱼龙混杂，有些人正是抱着不良企图来这里的。如果年少的你进入这种场合，很容易被不怀好意者盯上。所以，奉劝你不要进入这些地方。万一你进入这些地方，一定要牢记以下几点：

1. 不落单、不暴露

女孩独自进入娱乐场所，无异于羊入虎口，很容易被陌生人接触、搭讪，从而成为那些图谋不轨者的"猎物"。所以你一旦进入了这种场合，注意与你认识的人在一起，不要落单。而且，进入这种场合，一定要注意着装，尽量不要穿暴露的衣服，以免引起不怀好意者的非分之想。

2. 不喝酒、看好水瓶

当你身处娱乐场所时，一定要看管好自己的饮料，不要随便离开自己的座位，以免被图谋不轨者在杯子中放入迷药。另外，法律规定商家不得向未成年人售酒。如果有人给了你酒，请一定不要喝。

3. 对不熟的人保持警觉

当你和一群朋友，还有朋友的朋友一起在娱乐场所玩时，一定要提防你朋友熟悉而你不熟悉的人，因为这种间接的朋友容易使你放松警惕。在现实生活中，有很多女孩受侵害的案件都是因朋友的朋友引起的。

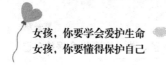

天上不会掉馅饼，"小便宜"不要占

俗话说，"天上不会掉馅饼。"即便真的会掉，那馅饼里往往也有害人的毒药。但爱占小便宜的人根本意识不到"小便宜"中的"大陷阱"，最终贪小便宜吃大亏。女孩们，我们来看一个真实的案例吧！

一天早上，父母接到女儿小琳的来电，便急匆匆地赶到医院的急诊室。看到女儿后，急切地追问怎么了。医生告诉他们："幸好来得比较及时，否则就可能毁容了。让你女儿记住，不要再用劣质化妆品了！"

原来，小琳是个爱美的女孩，虽然高中还没毕业，却热衷于时髦的服装、流行的包包，还特别爱化妆。可是小琳的家庭并不富裕，家里每个月给她的零花钱有限。看着身边的同学都买比较贵的化妆品，她特别羡慕。

一天，小琳听同学介绍，有一款化妆品既便宜又好用，而且最近正在搞活动，于是她迫不及待地购买了一套。看着精美的包装，小琳暗自窃喜，以为捡了大便宜。可是用了以后，当天脸上就出现了不适，但小琳没有放在心上，仍继续使用。到了第三天早上一醒来，小琳感到脸部奇痒无比，而且肿得非常厉害，还密密麻麻地布满了小红疙瘩，甚至眼睛都快睁不开了，只能眯成一条缝。

小琳吓坏了，她赶忙去了医院急诊，同时也给父母打了电话，这才出现了开头的那一幕。后来经检测机构证实，小琳购买的所谓高档化妆品是假货。经过半年多的治疗，小琳脸上的皮肤才逐渐恢复了正常。但小琳不得不为此休学了一年，心情也一直非常低落。她说，这个教训会记一辈子。

案例中的小琳就是因为贪便宜吃大亏，险些毁掉了青春容貌。在现实生活中，类似的情况并不少见，尤其对涉世未深的女孩来说，由于思想单纯，缺乏警惕，在遇到令自己心动的东西时，往往容易上当受骗。所以，女孩一定要引以为戒，要牢记一句话"天上不会掉馅饼"。为此，女孩还应做到以下两点：

1. 时刻保持冷静、清醒的头脑

女孩，任何陷阱上面都有一个光鲜诱人的诱饵。只要你时刻保持冷静、清醒的头脑，并坚定地认为这个世界上根本没什么东西是免费或者有小便宜可占的，那么，再光鲜诱人的诱饵，在你冷静、清醒的头脑面前也会失效。

2. 拿不定主意时，不妨听一听他人的意见

有句老话说得好："当局者迷，旁观者清。"当你遇到事情拿不定主意的时候，最好能听听周围人尤其是自己家人的意见。如果能适时地参考一下他人的意见，也许就能够避免上当受骗了。

最后，再次提醒广大女孩，要以"不贪"的品德为宝。要知道，拥有一颗不贪图、不妄求的心是最珍贵的，也许它会让你错失看似美好的东西，但它至少会让你少走弯路，少上当受骗，少受伤害。

网络是把双刃剑，别一不小心伤了自己

在网络信息时代，几乎每个人的学习、生活、工作都离不开网络。在这样的大环境下，你很早就接触了网络，小小年纪的你就能够熟练地上网查资料、看新闻、看电影、网上交友聊天。网络就像是你的朋友，更像是一部百科全书，有不懂的问题，只要去网上查一查，很快就能找到答案。

网络每分每秒都在更新，有利于培养你与时俱进的观念，紧跟时代

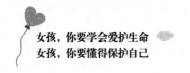

步伐。

网络内容丰富、形式活泼，可以为你打开知识大门的另一扇窗，让你学到很多从现实生活中学不到的知识。

网络可以超越时空，能够扩大你的交际范围，帮你交到世界各地的朋友。

网络平等开放，有助于你发挥自己的创造性。你不仅可以参与网上各种活动，发表自己的作品，甚至可以参与网络的建设和改造。

然而，网络又是一把双刃剑，它在带给你便利的同时，也潜藏着很多风险。比如，因网络游戏成瘾而荒废学业，因网上交友不慎被骗财骗色，网上购物买到假货白白浪费金钱……因此，你一定要认识到网络的两面性，在充分利用网络优势的同时，也要警惕网络可能带给自己的伤害。具体来说，你需要注意以下几点：

1. 擦亮眼睛，辨别信息的真假

网络世界的信息错综复杂，有真有假，切勿偏听偏信。网上经常流传一些虚假的新闻报道、视频片段，对于这类信息，切勿不加辨别地相信，盲目地转发。否则，很多人可能因你的转发而产生误解、误判，甚至引起其他后果。

2. 有所选择，自觉抵制不良信息

网络上的内容良莠不齐，也会充斥着一些暴力、色情、反动的信息，容易对你的心灵造成污染。因此，你应该有所选择，自觉抵制不良信息。要上正规的网站，接触有益的知识，看有正能量的影片和书籍。

3. 管好自己，别在网上放纵自己

网络是虚拟的世界，由于隐蔽性强，道德法律约束力低，有些人就会放松对自己的道德约束，认为在网上骂人、说脏话、传播负能量无所谓。如果你也这样想，那就错了。网络也可以看作一个社会，也有复杂的人际交往，虽然彼此见不到面，但别人可以通过你说的话、发的信息，来判断你的思想、修养、人品等。更为严重的情况是，如果你的言论损害到国家、组织、他人的名誉，你还会受到法律制裁。因此，在网络世界里，你也应该管好自己，切莫放纵。

4. 保持警惕，防止掉进网络骗局

在网络世界，你的天真、善良、脆弱有可能会被居心叵测的人利用，那些坏人可能通过与你聊天等手段，获取你的个人信息，为违法犯罪创造便利条件；还可能以异性网友的角色和你交友，然后约你出来，对你实施诈骗和伤害；还可能利用你贪便宜、想发财的心理，抛出诱人的条件，引你上钩。因此，对于网上流传的各类中奖信息，网友说的"赚大钱"等说法不要相信。对于网友的邀约，不要轻易答应，保持警惕，才能有效地防止自己成为网络骗局的受害者。

5. 有节有度，切勿沉迷网络游戏

《互联网上网服务营业场所管理条例》第二十一条规定：互联网上网服务营业场所经营单位不得接纳未成年人进入营业场所。互联网上网服务营业场所经营单位应当在营业场所入口处的显著位置悬挂未成年人禁入标志。但在实际生活中，一些黑心的网吧为了赚钱，对进入的未成年人熟视无睹。有些孩子旷课去网吧玩游戏，通宵达旦，困了就在椅子上睡一会儿，饿了就吃碗泡面。

不可否认，网络上有各种各样好玩的游戏，偶尔玩一玩，打发一下无聊的时光，体验一下新鲜感，倒也无妨。但如果没有节制地玩，甚至沉迷，那就会严重影响你的学习和生活。这样不但严重损害了身体，还浪费了大把的青春时光，更浪费了父母的血汗钱，辜负了父母的一片期望。所以，无论如何都不要沉迷于网络游戏。

6. 拒绝诱惑，切勿参与网络赌博

很多人都想赚钱，幻想一夜暴富，青少年也有这种倾向。不少赌博网站正是利用人的这种心理，制造种种诱惑，引诱大家参与网络赌博。更有甚

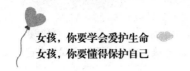
者，赌博网站会有专门的营销人员到处散布"赌博公式""稳赚不赔的秘籍"，以此吸引广大网友的眼球。一开始，他们教你的赌博招法确实能让你赢钱，可就在你忘乎所以，准备赚大钱的时候，往往会输得血本无归。

其实这一切都是骗局，你之前能赢，不过是别人抛出的诱饵，因为只有让你尝到甜头，你才会加大筹码，他们才能获利更多。所以，你一定要打消靠赌博发财的念头，远离赌博。

总之，网络是一把双刃剑，我们在利用网络的同时，也要预防网络骗局，抵制网上各种不良信息。

远离那些"不三不四"的朋友

女孩，我们每个人都离不开朋友，没有朋友的人生是孤独的。但是，结交朋友要慎重，因为交友不慎很容易反受其害，下面发生的事情就是一个鲜明的例子。

一天，云南省某县的赵女士向当地公安局报案称：她女儿小璐头天晚上被人骗到KTV陪酒，差点儿被带出去强迫卖淫。

小璐向警察说出了事情的原委。几个月前，在朋友的介绍下，她认识了21岁的社会女青年徐某。头天晚上，徐某约她和同校的五名女同学去县城的一家KTV唱歌，在唱歌的过程中，徐某让她们去另一间包间。进入包间后，发现里面有六名陌生中年男子，徐某要求小璐和同学们陪他们喝酒，并扬言会得到不菲的酬劳。虽然不情愿，但迫于对徐某的惧怕，女生们也都举杯喝了。

在包间内没多久，小璐就感觉到了危险，她发现那些男子不停地摸女生的胸部和下体。于是她借口上洗手间，偷偷打电话向家人求救。很快，家人赶到现场将她解救出来，使其免于受到侵害。

接到报案后，公安机关迅速展开侦查。警方侦查发现徐某曾多次诱骗、胁迫中学初二、初三的女学生出来卖淫。她事先收买几个学生，利用她们把其他学生约出来，去歌厅唱歌。然后，她在女孩的酒里下迷药，让男子对其进行迷奸，凡是不服从的女孩，都会受到暴力惩罚。徐某的犯罪事实确凿，性质极其恶劣，当地公安局当晚对她实施了抓捕，等待她的必将是法律的严惩。

小璐身上发生的事，真是让人捏了一把冷汗。如果不是小璐警觉性高，悄悄给家人打了电话，恐怕后果不堪设想！这个例子也给女孩们提供了一个深刻的警醒：结交朋友一定要谨慎！

古语有云："近朱者赤，近墨者黑。"好的朋友能给你带来温暖和帮助，不良的朋友却会将你带入危险之中。所以，女孩结交朋友的时候一定要小心，对于那些身上有劣迹、品行不佳的同学和校外社会人员，务必远离，千万不要和"不三不四"的人交朋友。

友情是人类情感中瑰丽的花朵，每个人都渴望拥有知心好友。但是在选择朋友的问题上，奉劝女孩们注意以下几点：

1. 交友重质不重量

巴尔扎克曾在《高老头》中告诫人们："交不可滥，须知良莠难辨。"那些吃过朋友亏的人，多数是滥交朋友，为数量而放弃质量的人。因此，交朋友应该重质不重量，正所谓"广结客，不如结知己二三人"，只要拥有几个志趣相投、互相帮助、苦乐同享的知心好友就够了。这样既能使你获得友情的快乐，也能使你避免那些坏朋友的纠缠。

2. 与品行好的人交朋友

明朝的一位文人，在谈到交友对象时，曾有这样的论述："交慷慨的，

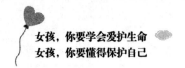
不交鄙吝的人；交谦谨的，不交妄诞的人；交厚实的，不交炎凉的人；交坦白的，不交狡狯的人。"这一论述鞭辟入里，值得每一个女孩牢记于心。如果按照这个标准结交朋友，你会发现班级和学校里那些品质优秀、言行有礼的同学，才是值得你去结交的朋友，而那些思想有问题、品行不端的同学自然不在朋友选择的范围内。

3. 少与社会人员交往

有些女孩喜欢与社会人员交往，认为他们比同龄人知识面广，更风趣，也更慷慨大方。但是，作为学生的你，与社会人员频繁交往是不太合适的。虽然社会人员不一定就是坏人，但是他们的生活环境、交往人群、思维方式都与在校学生有很大的不同。同他们在一起，你很可能做出一些出格的事，比如去网吧打游戏、去KTV唱歌，去迪厅蹦迪等。更何况还有一些游手好闲的社会闲杂人员，他们不学无术，不求上进，你同他们交往，很容易染上满身恶习。

女孩，漫漫人生长路，谁都渴望与知心朋友一起走，希望你用智慧擦亮自己的双眼，交到真正的"琴瑟之友"。

不要轻易送陌生人回家

女孩总是那么善良、有爱心，遇到有困难的人，会本能地产生同情心，热心地帮忙。但是社会复杂，人心叵测，在助人为乐的同时也要多一些警惕，注意保护自己。要不然，有可能好心做事却伤了自己。

小楠是某市一所卫校的一名学生，当时的她正在市医院里实习，马上就要毕业的她憧憬着成为一名光荣的白衣天使。这天中午，她刚吃完饭，打算回到科室忙工作，发现一名孕妇在医院门诊大楼门口抚着肚子，一脸的痛苦。小楠赶紧上前去询问："你怎么了？要不要去医院检查一下？"

孕妇艰难地抬起头对小楠说："不用了，我刚刚检查完，可能是一大早来检查，又排了一上午的队，实在太累了。"小楠说："要不，我扶你到旁边的休息室里坐一会儿？"孕妇听了这话，有点儿难为情地说："姑娘，我实在是太饿了，想回家吃饭，能不能麻烦你送我回去？"

"这……"小楠有些犹豫。孕妇又急忙说："我家不远，就在医院旁边，来回也就十来分钟，保证不会耽误你上班。姑娘，我实在是走不动了，不然也不会麻烦你，你就帮帮我吧！"看到孕妇一脸诚恳的样子，小楠答应了。

果真如孕妇所说，她家离医院不远。小楠扶着她慢慢来到她家，打开门，发现孕妇的丈夫张某也在。张某一见小楠她们进来，就非常热情地说："哎呀，太麻烦你了，谢谢你把我爱人送回来。我上午有急事没顾上陪她去医院，真是多亏你帮忙了，快来坐会儿休息一下吧。"

小楠赶紧摆摆手说："不用了，别客气，我得赶紧回去上班。"

孕妇一边拉着小楠的手一边对自己的丈夫说："你快去冰箱里给姑娘拿盒酸奶喝。这么热的天，送我回来，肯定口渴了。"拗不过他们夫妻俩的盛情，小楠只好喝了几口酸奶。

但是，喝着喝着，小楠就感觉眼前有些模糊，头也有些眩晕，她疑惑地看向那对夫妻时，却发现原本客气且充满了感激之情的两个人变得有些面目狰狞，而且那个丈夫还走上前来把她往床上拉。小楠害怕极了，拼命地想喊救命，却丝毫发不出声音来。很快，她便失去了知觉，并且再也没有醒过来。孕妇的丈夫不仅奸淫了她，还将她杀害，偷偷埋葬于郊外。

很快，案件就破获了。然而，正值青春年华的小楠却再也回不来了。新闻报道出来后，引起了社会一片哗然，人们纷纷怒斥凶手的罪恶行径，心中

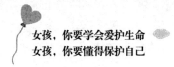

充满了同情和愤怒。

助人为乐是中华民族的传统美德，很多家长都会用这句话教育孩子。但是，助人为乐一定要以保护好自己为前提。如果有一天，你走在路上遇到有人向你求助，你可以这样做：

1. 帮忙通知对方家属或者直接报警

女孩，当你在路上遇到陌生人求助时，无论对方是孩子、老人或者是孕妇，都不要轻易听从他们的指挥，将他们送到指定的地点。你的目的是帮助他们，但并不一定要亲自来做这件事。最理智、最安全的办法是帮助他们联系家人，或者直接拨打报警电话，让专业的人来做专业的事情。

2. 送人前跟家人或者朋友联系，告知你的行踪

女孩，如果你决定送对方回家，那么请先给家人打个电话，说明情况。一方面让家人了解情况，另一方面也可以给图谋不轨之人一些警告。如果联系不上家人，你还可以把情况告诉自己的朋友。总之，必须要确保有人知道你去了哪里，去干什么了。

3. 不要进入陌生人的家门

女孩，当你送人回家或到别的地方时，千万不要孤身一人进入他们的房间，你最好在楼下或者小区门口与之告别。如果对方提出送上楼的要求，一定要拒绝，同时你可以让小区保安来帮忙。

4. 选择恰当的路线

女孩，在送陌生人回家时，一定要注意选择热闹、人多的主干线，而不要进入僻静的小路，或者抄近路。如果求助者所住的地方比较偏僻，这种情况下你可以帮助对方想其他办法，而不要冒险前往。在帮助别人的同时，你一定要先保证自己的安全。

5. 不要随便吃对方给的食物或喝对方给的饮料

为了表示感谢，求助者在你将他送回家后，很可能会给你食物或饮品。

记住，千万不要接受，不要吃，也不要喝。即使对方没有恶意，你也应该保持起码的防备。前面案例中的小楠正是因为喝了孕妇丈夫给的酸奶，才导致悲剧发生，这足以给我们警示。

识别生活中常见的十大危险骗局

世界上有贼吗？你若问电影《天下无贼》中的傻根，那他会告诉你："天下没有贼。"我们可以将其视为一种信念，也可以期待生活的环境中没有骗局的存在。但现实与我们的期待正好相反，骗局几乎无处不在，无时不有。女孩，为了让你健康、平安成长，我们总结了生活中比较常见的十大危险骗局，让你见识一下骗局的诱惑性。

骗局一：拐卖骗局

中央电视台有一档收视率很高的寻亲节目，名字叫《等着我》，里面的每一期节目都是一个有关走失亲人与寻找亲人的故事。其中很多人都是在年幼无知时被陌生人骗走的，而陌生人骗走小孩的说辞往往都很简单："小朋友，我带你去找妈妈，好不好？""小朋友，我带你去买好吃的，好不好？"女孩，任何时候，无论陌生人怎样哄骗你，你都要坚定一个信念，坚决不能跟他走。否则，你此生可能再也见不到父母了。

骗局二：付邮费免费领

你可能常在一些网页或者广告宣传单中看到"付邮费免费领"活动。这听起来很划算，只要付几块钱的邮费，就可以领取一份看似不错的礼品。但实际上，那些礼品很可能是假冒伪劣的东西，不要说价值几百上千，甚至比邮费都便宜。女孩，你切莫轻信这类骗局。

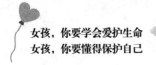

骗局三：美容骗局

女孩，每个女孩来到这个世界，都带着自己独特的美丽。有的女孩眼睛虽然小，但是看着炯炯有神，同样显得独有魅力；有的女孩鼻子虽然不够高挺，但是跟其他五官搭配在一起，也同样显得很别致。所以，能够自信地接受上天给予你们的一切，都将是幸福的女孩，而不要相信漫天飞舞的美容广告。你要知道，有很多女孩在整容之后，反而失去了从前的自然之美，甚至还可能会失去自己的生命。所以，希望你不要随便被那些"让你变得更加美丽"的广告欺骗，以免造成悔恨终身的遗憾。

骗局四：银行卡诈骗

在2017年夏天的时候，有个诈骗团伙以发放贫困学生助学金为名，以高考学生为主要诈骗对象，拨打诈骗电话，骗取他人钱款。一个即将上大学的女孩，在自己的学费被犯罪分子骗光后，一时心急昏倒，结果再也没能醒过来。所以女孩，无论别人以什么理由让你输入你的银行卡号密码，你都要坚决地予以拒绝。

骗局五：出名骗局

如果有一天，你走在大街上，有人走过来，夸奖你："小姑娘，你长得真漂亮，想不想当演员啊？如果愿意的话，来我们公司吧。"女孩，如果你遇到这样的情形，一定要保持理性，千万不要被对方一时的夸奖迷惑了心智。一个来自东北的女孩张某，在微信上收到一个自称是编导的男人的信息，说让她前去试镜。试镜时，女孩被要求上交手机。可等她试镜出来拿手机时，当时保管手机的人不见了……所以千万不要轻信所谓的"出名""演员梦"这样的许诺，否则在前面等着你的，很可能不是骗财就是骗色的悲剧。

骗局六：诱骗吸毒

18岁的女孩肖丽，长相俊美，靠当平面模特就月收入七八千元。可是，她又是一个叛逆少女，腿上和身上有着大片的文身。让人痛心的是，她更是一个"毒女"，13岁开始吸毒，毒瘾大到每天都要吸食。为什么她会这样呢？原来，肖丽有次挨父母耳光后离家出走，有个朋友趁机拿出解忧"神药"安慰她，从此她便陷入吸毒泥潭无法自拔。

所以，女孩要切记：毒品猛如虎，一旦有了毒瘾，等待你的将是暗无天日的未来。任何痛苦，都不可以通过吸毒来宽慰，无论身边的朋友如何怂恿你，你也不能上当受骗。

骗局七：诱骗上门

面对陌生人，一定要保持戒备心理，尤其是当对方提出来让你去他家里帮忙的时候，一定要坚决地予以拒绝。有个在美国上学的中国女留学生，有一天夜里回家，碰到一对陌生男女向她求助，结果她刚进入对方家里，就被控制起来。后来女孩遭受到了严重的性侵和殴打，最终失去了年轻的生命。因此，面对陌生人的求助，女孩一定要保持理性，坚决不能进入对方的家里。

骗局八：兼职骗局

随着自己一天天长大，你是否希望通过自己的努力找一份兼职，挣一份零花钱呢？这种想法是好的，但在选择兼职工作时，一定要擦亮眼睛。如果有份工作给了你这样的许诺："在家兼职，动动手指，月入上万。"那么，请不要相信。天下哪有这么容易赚的钱？如果有，对方为什么不自己赚呢，而要把这么好的机会告诉你呢？所以稍微冷静想一想，就知道这里面一定有风险。

骗局九：二维码诈骗

街头巷尾，常有一些人拿着二维码让路过的人扫，有的还让你注册个人信息，并以赠送礼品相诱，例如送一瓶矿泉水、一个气球、一个桌摆等。对于这种请求，千万不要轻易答应。如果是正规公司举办的营销活动还好，但如果是诈骗团伙，想套取你的个人信息就麻烦了。

骗局十：抽奖骗局

人走在大街上，可能会遇到免费抽奖，一等奖是电脑、手机，或者手表

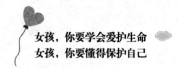

之类的贵重物品，而且很容易中得一等奖，不过抽中了必须自己掏一大部分钱。而且只要你抽了，还不能退，必须给钱换奖品。而所谓的一等奖电脑、手机，本身就是冒牌货，价钱根本不如你掏的钱多。

第二章

保护好自己，
校园生活才能更美好

　　女孩，校园是你学习的主要场所，在这里充满知识、友谊、快乐，但也会有一些不和谐音符，甚至有一些潜在的危险。希望你能够增强自我保护意识，学会一些保护自己的方法，这样才能够安然享受舒心的校园生活。

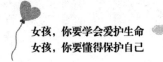
穿衣打扮不要太成熟

爱美是人的天性，女孩更是如此。每个人都有权利按照自己的审美穿衣打扮，但是，尚未成年的女孩，如果穿衣打扮得太成熟或太暴露就不妥了，那样不但不符合自己的年龄、身份，还可能会给自己惹来麻烦。

2016年7月25日晚10时许，女学生小赵身着吊带背心和短裙从自习室出来向宿舍走去。这时校园里已经看不到人影了，四周一片寂静，小赵走在路上，隐隐觉得后面有个人在跟着她。小赵心里有些害怕，不由得加快了脚步，谁知那个人也加快了脚步，而且离小赵越来越近了。

正好在这时，有保安的巡逻车经过，小赵一边大喊着"救命啊，有人跟着我"，一边飞快地向巡逻车奔去。两个保安听到小赵的喊声，连忙跑过来接应她。后面那个人吓得拔腿就跑，但是没跑多远就被保安给抓住了。保安仔细一看，被抓的是个30岁左右的中年男子，他头戴安全帽，穿着工作服，原来是学校里施工的建筑工人。

保安将这名男子扭送到学校附近的派出所，小赵也一同前往报案。在派出所民警的讯问下，那名男子说道："是她穿得太暴露，我实在控制不住自己才跟着她的！"

这名男子的说辞纯属狡辩，无论女孩打扮如何都不应该是他犯罪的理由，警官也不会因为这样的缘由就对他从宽处理。但是从女孩的自我保护角度来说，当我们在夜间走路，或者出入偏僻的地方时，穿着保守一些是对自己的一种保护。

女孩如果打扮得太成熟，可能招来居心叵测的坏人，让自己陷入危险之中。退一万步讲，即便这些装扮没有引来危险，也会给自己与老师、同学的交往带来许多尴尬和不便，我们来看看瑶瑶的例子吧。

初一下学期的最后一天，瑶瑶回学校去取成绩单，她穿上新买的白色背心短裙，蹬上半高跟凉鞋，又喷了一点儿妈妈的香水，美美地上学去了。到了班里，瑶瑶觉得有些不对劲，同学们都用怪异的眼光望着她，还有人在偷偷笑她。瑶瑶心里很纳闷：以前同学们不是这样的呀！正在这时，语文老师黄老师叫瑶瑶去办公室，瑶瑶是语文课代表，她很快地来到了黄老师的办公室。

黄老师看到了瑶瑶的打扮，不禁皱了皱眉头，然后笑着对她说："瑶瑶，你今天打扮得有点儿奇怪呀！"瑶瑶听老师这么说，脸一下红了，吞吞吐吐地说："黄老师，我，我是不是穿得有点儿少？"黄老师点了点头，诚恳地说道："瑶瑶，老师不想批评你。但是女孩子穿得太少真的不好，会让老师和同学们觉得不舒服，你走在外面也很不安全。再说你还是中学生，穿高跟鞋和喷香水也不太合适呀！"瑶瑶红着脸对老师说："老师，我记住了，以后我一定注意！"

衣着打扮能够体现女孩的精神面貌，女孩们在穿衣打扮方面，应该注意以下几点：

1. 不追求名牌

对于正处在求学阶段的女孩来说，穿着打扮最好以简朴、舒适为主，比如校服和运动服。现在的你不要追求名牌，那些名牌衣服既不符合你的学生身份，也不适合你的年龄。

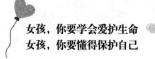
2.不穿奇装异服

女孩，你可能觉得校服和运动服太单调，不能展现自己的外形美，你希望自己的衣橱里更加丰富多彩一些，但是在选择服装的时候一定要避免奇装异服和那些比较暴露的衣服。特别是在夏天，诸如吊带背心、超短裙、热裤、透明T恤等，那些薄、露、透的衣服，还是不穿为好。

3.不追求"女人化"的打扮

一些女孩追求时髦，喜欢染发、烫发、化妆、戴首饰、穿高跟鞋等，她们认为这样打扮很漂亮，很有"女人味"。但是，女孩，这样的打扮并不适合你现在的年龄。古诗有云："清水出芙蓉，天然去雕饰。"其实女孩子打扮得清新自然才是最好的，尤其是作为学生，更应该以简单大方为主，务必远离这些"女人化"的打扮。

女孩，穿衣打扮是一个人内在美的外在表现，做一个清清爽爽的女孩，你就是最美的！

攀比、炫耀有时会招来祸端

法国哲学家柏格森曾经说过："虚荣心很难说是一种罪行，然而一切恶行都是围绕虚荣心而生，都不过是满足虚荣心的手段。"让我们一起看看下面的案例吧，它就是虚荣心导致的结果。

一天，家住福州某居民区的肖先生与妻子李女士来到当地派出所报案，说放在家中抽屉里的4万元现金被盗。民警现场调查发现，肖先生家的门窗没有被撬的痕迹，推测是熟人作案。民警见肖先生的女儿小婧神色慌张，便上前询问。在民警的询问下，小婧承认，钱是她拿走的。

小婧今年15岁，正在读初中。小婧说，班上有同学经常"炫富"，她很嫉妒，可父母每天只给她10元零花钱。为了能在同学面前更有面子，几天前，她趁父母不注意，从抽屉里悄悄拿走了4万元现金。这几天，小婧用这些钱购买了名牌衣服、鞋子和化妆品。小婧还将自己收获的"战利品"全部拍成照片上传到了朋友圈，看着同学们点的赞，小婧心里得意极了。短短几天，4万元现金就被小婧挥霍得只剩下一千多元了。

最终，小婧因情节较轻，认罪态度较好，被免于刑事起诉。但是，对于自己的行为，小婧真是后悔莫及！

小婧的行为非常危险，她已经站在了犯罪的边缘，这都是虚荣心造成的。

现在社会上有一种不良风气，一些女孩喜欢在社交网络上晒名牌炫富。受到这种不良风气的影响，学校里也出现了不少攀比、炫耀的现象。比如，女生们比谁的穿着时髦、比谁的家里有钱、比谁的父母权力大等。从根本上来说，这些都是虚荣心理在作祟。虚荣心理是一种过于追求自身价值、自我满足的病态心理，它会对青少年产生十分不利的影响。

女孩，虚荣心强烈容易滋生嫉妒、自我怀疑、自卑等消极情绪，长期沉浸在这种情绪中会严重损害自己的身心健康，阻碍自己的成才发展。如果虚荣心理没有得到控制和疏导，任由其发展到极端程度，还可能会诱发犯罪。在日常生活中，由虚荣心理作怪而引发的青少年犯罪现象屡见不鲜，有的孩子为了博得同学们的赞赏和羡慕，没有钱而硬要充"大款"，进行偷窃或是诈骗，最终走上犯罪的道路，发生在小婧身上的事情不就是一个鲜明的例子吗？

女孩，虚荣心理不仅容易诱发自己犯罪，还容易使你被人利用，成为犯罪分子的目标。

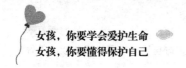

南宁某中学初三女生小孙放学后去附近吃饭和购物，途中她把耳机插在苹果手机上一边听音乐一边行走，这时，有两名社会少年盯上了她。这两名少年持水果刀将小孙逼到无人处，逼其交出苹果手机和身上的钱财。幸好有几个路过的小伙子见义勇为打跑了那两个社会少年，这才救了小孙。

事后，小孙后悔不已。她对警察说："以前爸爸提醒过我不要带苹果手机去上学，担心会被坏人盯上，不安全。但是我想拿手机去班里显摆显摆，让自己更有面子，根本没听爸爸的话，现在想想真是太后悔了！"

看到了吧，虚荣心理不仅会阻碍你的健康成长，还有可能给你招来祸端。所以，你还是克服这种不良心理，远离攀比、炫耀的坏习气吧！

女孩，要想克服虚荣心理，你可以试试以下这些办法：

1. 要正确认识自己

女孩，希望你能够正确地认识自己，包括正确认识自己的身形外貌，正确认识自己的性格特点，正确认识自己的家庭条件等，既不要过高地估计自己，也不要自卑。要知道，人没有绝对的优点和缺点，优点和缺点都是相对的，只要你客观、正确地认识自己，就容易获得心理上的平衡，避免虚荣心理的产生。

2. 要正确对待自尊心

美国心理学家马斯洛说："人有自尊的需要。"适度的自尊心会使人自信和自爱，但是太强的自尊心却容易扭曲而成为虚荣心。所以，女孩在平常的校园生活中既要维护自己的自尊心，又不能太爱面子，对于成绩、荣誉以及家庭条件的差异，不要看得太重。要记得，人的自尊应该通过自己的勤奋努力获得，而不能靠夸张、炫富、弄虚作假等不当方式获得。

3. 要正确面对别人的议论

有的女孩非常在意别人对自己的评价，怕被别人瞧不起，于是不考虑自己的能力和条件去"逞能"，甚至"打肿脸充胖子"。其实，别人的议论有正确与错误之分，也有善意与恶意之分，面对别人的议论，你要认真分析，遇事要有自己的主见，"择其善者而从之，其不善者而改之"就可以了。

慎重对待借钱

女孩，你有没有向别人借过钱，或者遇到别人向你借钱？很多女孩觉得同学之间相互借钱是一件小事，但是看了下面的事例，你可能就不会这么想了。

2016年5月15日早上，陕西省榆林市某派出所李先生夫妇报案说他们的女儿小娟离家出走了。

12岁的小娟是榆林市某小学六年级的学生，2016年春节过后，她开始迷上网络游戏，不仅经常偷偷上网打游戏，还学别人花钱"刷金币、买装备"。随着购买的装备越来越多，小娟的那点儿零花钱早就不够用了，于是她决定向同学和朋友"借点儿钱用用"。

有了这个想法后，小娟先后向班里的五六名同学借钱，借钱的时候说好了"一个月就还"，可是还钱的时间到了，小娟根本拿不出钱来还账。借钱的同学很生气，对小娟说"如果不还钱，就把这件事告诉班主任老师和你的父母"。小娟害怕老师和父母知道这件事，无奈之下只好选择离家出走。

最终在民警的帮助下，李先生夫妇找到了正在火车站附近流浪的小娟。小娟见到父母时，哭着说："爸爸妈妈，我以后再也不随便向别人借钱了！"

看完小娟的案例，你对借钱这件事有什么感受呢？是不是应该在借钱之前谨慎一点儿，思考自己是否有能力按时还清呢？事实上，对于青少年来说，无论是向别人借钱，还是借钱给别人都是不太合适的，很可能会给自己和别人带来麻烦。因此，最好不要向别人借钱，也不要随便借钱给别人。

首先，我们来谈谈向别人借钱的问题。因为处于学习阶段的你们没有经济来源，主要是靠父母给零花钱，你的同学也和你一样，手里的钱并不是自己赚的，需要向父母报账，能自己独立支配的金额有限。当你向同学借钱时，对方也会感到为难，即便对方借给了你，心里可能会有些不情愿，这可能会影响你们的友谊。如果你能按时还钱，那么友情自然还能延续下去。如果你像小娟那样借钱不还，同学就会埋怨你、看轻你，甚至向老师和家长告状，到时候"友谊的小船"就要翻了。所以，你还是不要轻易向别人借钱为好。

有人可能会说："我可以不向别人借钱，但是，如果别人向我借钱，我也不好意思拒绝呀！"

女孩，借钱给别人，缓解别人的燃眉之急，这是一种助人行为。但前提是，借出的钱真的能帮助别人，而不能害别人。如果同学向你借钱是为了赌博、打游戏、抽烟、喝酒等，而你借给他了，那不是害他吗？因此，借钱给别人之前，要问清对方借钱的目的。

还有一种极端的情况，你可能会落入别人设计好的圈套，比如有的人会以借钱的名义而行骗。所以，当别人向你借钱的时候，你一定要前思后想考虑清楚，不要随便借钱给别人，而是要学会拒绝别人。

如何处理好这些呢？可以把握好下面这几点原则：

1. 避免因不良嗜好借钱

学生需要自己花钱的事项并不多，一些孩子之所以手头紧张向别人借钱，主要是由于不良习惯比如沉迷于网络游戏、摆阔气等导致把父母给的零用钱挥霍掉了。在这种情况下，借到的钱就等于扔进了"无底洞"，结果往往是还不上钱。所以，只要远离不良嗜好，你向别人借钱的概率自然就会小很多。

2. 借了钱要及时归还

某些特殊情况下，你可能需要向别人借钱。一旦你向别人借了钱，务必要按照约定时间及时归还，千万不要拖延。特别要注意的是，你要选择一个信任你，你也十分了解的人去借，不要向校外社会人员借钱，因为他们之中可能会有一些人不怀好意，用借钱来引你上当。

3. 要学会拒绝别人

当别人向你借钱的时候，绝大多数情况下你还是委婉地拒绝吧，尤其是对于那些你不熟悉的人，或者是借钱数额比较大的，你最好在第一时间拒绝，不要犹豫，也不要一时心软。当然，拒绝别人借钱也不是绝对的，对于一些特殊情况你还是要灵活处理。如果你觉得左右为难处理不好时，不妨与父母商量一下，相信他们能给你提供中肯的建议。

与男老师、男校长单独相处也要当心

在很多女孩心目中，老师和校长是高大而神圣的，特别是一些优秀的男老师、男校长，很容易得到女生的崇拜。但是不要忘了，他们是男性，作为女孩，你在与他们相处时一定要保持谨慎。看看下面的例子吧，你就会明白其中的道理。

萍萍是甘肃省某小学的学生，自升入五年级以来，萍萍一直说肚子疼、腿痛。开始的时候萍萍父母没有在意，但是后来发现孩子的饭量小了很多，精神日益恍惚，成绩也直线下降，他们觉得很不对劲。他们这才连忙问萍萍在学校里发生了什么事，萍萍说了实情。

原来，升入五年级以后，萍萍的班上换了一个姓刘的男班主任。刘某对萍萍特别"关心"，多次以检查作业、背词语、修改试卷为名把她叫到办公室单独辅导，借机强迫萍萍与他发生性关系，前后持续了半年之久。

萍萍的父母知道了这件事，无法接受现实，第一时间向当地公安机关报案。经公安机关侦查审讯，发现受害者远不止萍萍一个，涉案受害的学生多达8名，其中5名女学生被强奸，3名女学生遭到猥亵。

最终，法院以强奸罪、猥亵儿童罪，对那个男班主任刘某数罪并罚。

原本受人尊敬的老师，却是人面兽心的恶魔，萍萍等女孩的遭遇值得我们警醒：与男老师相处一定要多个心眼，千万不要独处一室。

近些年来，校园性骚扰、猥亵、性侵事件时有发生，大多数施暴者都是男老师、男校长这样特殊的"熟人"，他们以"私下谈话""单独辅导"等手段，将女学生骗到办公室后实施侵害，女学生以为"私下谈话""单独辅导"意味着老师重视自己，却不料这其实是个陷阱。女孩，想想看，萍萍的遭遇不就是一个明显的例子吗？因此，女孩在与男老师、男校长单独相处时一定要提高自我保护意识，具体要注意以下几点：

1. 避免与男老师、男校长单独相处

女孩，你在学校里学习、生活，难免要向老师请教各种问题，如果你班上恰有男老师，你自然也免不了和他接触。当然，你跟男校长接触的概率要小得多，但是也不排除接触的可能性。那么，当你有问题需要向男老师、男校长请教时，应该避免与他们单独相处，你可以在教室里向老师请教问题，或邀请同学陪你一起去老师办公室请教问题，这样可以有效避免与男性老师、校长单独相处，将可能出现的性骚扰、猥亵、性侵事件避免掉。

2. 与男老师、男校长单独相处要保持警惕

当你无法避免与男老师、男校长单独相处时，比如他们点名让你去办公室，那么你有必要提高警惕心。在和男老师交流的时候，不宜和对方靠得太近。同时，还要注意对方的身体语言，看他是否有靠近你、接触你的意图。假如对方把手搭在你的肩膀、后背上，甚至触碰你的下体，那你就要保持警觉了。你可以退后几步，摆脱对方的接触，或找个理由离开办公室。事后，你应该把这个情况向父母反映，或向学校其他领导反映，切忌沉默隐忍，因为你的隐忍就是对坏人的纵容，更容易让坏人得逞！

不在同学家留宿

女孩，也许你有玩得很好的同学，也许你觉得你们的交情足够深，但是在对方家里留宿这件事一定要十分慎重，最好避免。

2016年6月的一天，10岁的樱樱到同学玲玲家里玩耍，玩着玩着忘记了时间，一看天都黑了，樱樱就在玲玲家里住了下来。恰巧玲玲的哥哥小鹏也在家中，小鹏今年17岁，初中毕业后就没有上学，他整天游手好闲，与社会上的小流氓混在一起。

小鹏见樱樱天真可爱，不觉起了歹心，他以"玩游戏"为名，将樱樱骗到卧室。然后，他强行捂住樱樱的嘴巴，威胁她不要出声，并将她的裤子脱下。之后，便对樱樱进行了性侵。

回家后，樱樱不断地向妈妈表示下身疼痛，妈妈发现她下身红肿，触痛明显。樱樱的爸爸妈妈连忙追问樱樱，樱樱这才将小鹏的行为告知了父母。

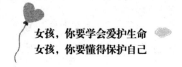

樱樱的父母气愤极了，连夜就报了警。

在警察的讯问下，小鹏对自己的犯罪事实供认不讳，等待他的将是法律的制裁。但是对于樱樱来说，她所受到的伤害可能一生都难以抚平！

女孩，你知道吗？对于小小年纪的你，独自留宿朋友家可能将你拖入危险的深渊。因为你对同学的家人不了解，他们可能心思不纯，对你起了歪念，进而给你造成伤害。

所以，你一定要有防人之心，不要独自在朋友家中留宿！具体来说，要注意以下几点：

1. 慎重去男性朋友家做客

女孩，面对男性朋友的单独邀请，就算在你心中他是你的"好哥们儿"，你最好也不要答应。因为谁知道他有没有把你当"好哥们儿"呢？你去他家里做客，对他来说可能是一种暗示，会让他胡思乱想，做出不当之举。所以，对于男生的单独邀请，你能拒绝还是拒绝吧。

2. 如果真想去朋友家，最好先了解朋友家的情况

女孩，你最好不要单独去男性朋友家玩，就算去女性朋友家，也应该先问一问她家的情况，比如她家里有哪些人，她家距离你家有多远，大概在什么位置，有没有顺路的公交车等。了解清楚这些情况后，你再考虑要不要去她家玩。

3. 去朋友家之前，要先和父母商量

女孩，当朋友邀请你去她家玩时，你一定要和父母商量一下。就算父母同意你去，你也应该尽可能在天黑之前赶回来，同时要将朋友家的地址和联系电话告诉父母。如果父母不同意，你就不要去了，父母的阅历比你丰富，判断力也比你强，不同意你去肯定是有原因的。

4. 去朋友家玩要按照约定时间回家

女孩，去朋友家玩应该先跟她说好回来的时间，这样你们两个人的心里都会有时间概念。看到时间差不多了，你就要主动告辞回家，不要因为朋友的挽留，而继续玩下去，务必在约定的时间赶回家。一旦你不注意，玩过了时间，朋友可能就会留你住下，"天都黑了，今晚你就在我家住吧。"这种情况下，你不要糊涂，一定要委婉地拒绝，然后给父母打电话，让父母来接你。

面对同学敲诈勒索怎么办

女孩，你可能觉得敲诈勒索是电视剧里才有的情节，但是实际上，这种事情在校园里并不罕见，希望下面的案例能引起你的警惕。

贵州省某初三学生刘某最近在校外交了女朋友，吃喝玩乐送礼物花了很多钱，手头很紧张。为了弄钱他盯上了同班女生小敏。小敏家庭富裕，每个月有不少零花钱，平时出手也很阔绰。刘某决定向小敏勒索钱财来"救救急"。

2016年5月的一天，刘某在放学回家的路上拦住了小敏，向她索要100元钱。小敏开始不答应，刘某便威胁她说："不给钱就要挨揍。"小敏很害怕，只好拿出身上的钱给了刘某。刘某一边数钱，一边恐吓小敏："如果敢告诉老师和家长，我就扒光你的衣服！"小敏很害怕，战战兢兢地点了点头。

第一次敲诈勒索得手之后，尝到甜头的刘某就一发不可收拾，经常向小

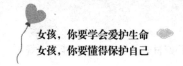
敏索要财物。在半年的时间里，小敏向刘某"进贡"十余次，累计金额六千多元。

小敏经常向家里索要零花钱，而且要的数额越来越大，这引起了父母的警觉。小敏的爸爸查看了她的手机，发现了刘某向其要钱的短信。父母这才得知刘某对小敏进行敲诈勒索的事，连忙带着小敏去公安机关报案。

最终，警察以涉嫌敲诈勒索罪逮捕了刘某，小敏总算脱离了长时间的担惊受怕！

法律是公正的，它帮助小敏摆脱了刘某的敲诈勒索，但是，如果她早点儿向父母和老师报告，事情可能就不会发展到如此严重的地步了！

现实生活中，女孩常常会成为勒索者下手的对象。为什么呢？因为有的女孩看起来软弱可欺，只要稍微吓唬吓唬，就会乖乖就范。许多女孩遇到敲诈勒索时，马上慌了手脚，勒索者威胁她"不给钱就要挨揍"，女孩就吓得把钱赶紧拿了出来；勒索者又威胁她"如果敢告诉老师和家长，我就扒光你的衣服"，女孩就真的不敢告诉老师和家长。这种情况下，女孩希望用钱买平安、息事宁人，心里想的是：他要钱就给他好了，只要不伤害我就行了！女孩的这种心态和做法对于保证自己的人身安全的确会起到一定的作用，但从大的方面来看却暴露了自己胆小软弱的弱点。

女孩的胆小软弱正是勒索者希望看到的，他们会大肆利用女孩的弱点，变本加厉地勒索钱财。小敏在半年之内被勒索十余次，就是这样的心理造成的。

所以，女孩，当你面对同学的敲诈勒索时，既要保护好自己的安全，又不能过于软弱，让勒索者一而再再而三地得逞。具体应当怎么做，你可以听听这样的建议：

1. 身上不要带太多钱

女孩，建议你上学的时候随身不要带大额现金。这样一来，你在学校里就不会那样招摇，也就不会轻易被敲诈勒索的人盯上。当你真的遇到敲诈勒索时，身上少量的钱也会给你带来好处，因为敲诈勒索的人目的是得到钱，而你的身上却没有足够的钱给他，那么以后他就有可能会放弃对你的敲诈。

2. 面对敲诈勒索要机智冷静

面对敲诈勒索时，千万不要慌张，要保持机智和冷静。既不要生硬地拒绝他，也不要一下子就把钱给他，过于生硬的拒绝可能会激怒对方，给自己带来人身伤害，而太过顺从也会让对方感觉你胆小怕事，以后他会继续对你勒索钱财。

建议你用一些迂回的办法来帮助自己摆脱困境。比如，用软话跟对方商量"今天我没带那么多钱，明天我再给你好不好"等等。如果对方态度有所缓和，同意你延后交钱，那么你应该迅速离开现场，赶紧将这个情况报告给老师或是父母。如果对方态度强硬，不同意你延后交钱，那你也不要僵持着不给钱，毕竟人身安全是第一位的，钱就先让他拿走吧。在给钱的过程中你可以机智地左右观察，寻找机会逃走或是向路过的人求救。

3. 要及时告诉老师和父母

当你遭遇了敲诈勒索时，一定要及时告诉老师和父母，千万不要像小敏那样害怕刘某的报复而忍气吞声。试想，如果小敏第一次被勒索后就告诉了老师和父母，那么就不会有后面的担惊受怕和财产损失了。女孩，你要在老师和父母的帮助下灭掉勒索者的嚣张气焰，将敲诈勒索扼杀在萌芽状态，不要任其发展到严重的程度，非得动用法律的武器才能解决。

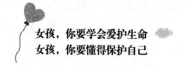
对任何校园暴力说"不"

身处校园中的你，对校园暴力有怎样的认识？可能你自己或者身边人没有发生这样的事件，那么你是非常幸运的，也是理所应当的，学生本该拥有纯净的校园生活。但是，在很多校园里，校园暴力就像是阳光下的一片阴影，真实存在。这些事件通过新闻报道出来，通过文艺作品展现出来，希望你也能有所了解，在心里对它有所认知，一旦发生时不至于茫然不知。

2012年5月11日对于深圳市某中学初一女生雯雯来说，是一场挥之不去的噩梦！

这天中午，雯雯像往常一样，回家吃完了午饭，骑着自行车去学校上课。快到学校的时候，忽然蹿出了十来个人，有男有女，都是十几岁的年纪，其中有几个女孩是雯雯的同班同学。雯雯心里很害怕，双手紧紧抓住自行车。这时，有四五个女孩扑了上来，她们强行掰开雯雯的手，然后把雯雯拽进了学校旁边的巷子里。

这几个女孩扯住雯雯的头发，对她又是打又是踹，嘴里不停地骂着："让你说我们坏话！让你说我们坏话！"一边骂，一边扒雯雯的外衣、内衣，还揪住她的头发把她的头往铁门上撞。那几个男孩得意扬扬地在旁边围观，还不停地用手机照相。

这一幕被一个过路的行人看到了，他赶紧喝令这几个女孩停止打人，又拿出手机报了警。这些人看到情况不妙，忙丢下雯雯逃跑了。

雯雯被吓傻了，蹲在地上一动不动。那名好心的行人连忙将上衣递给雯雯穿上，又把她扶了起来，只见她手上、后背都流血了，裤子也被扒下来一截。

事后，雯雯的心理受到了严重伤害，她回到家后不吃不喝，不敢出门，也不敢去上学，家人24小时守在她身边，怕她想不开。雯雯的爸爸妈妈没有办法，只好带她去医院求助心理医生。

发生在雯雯身上的事是多么令人痛心疾首！这桩悲剧不仅给雯雯的身心造成了难以弥合的伤害，也给深爱她的父母带来了巨大的痛苦。

事实上，雯雯的遭遇并非个别现象，女生校园暴力事件时而发生，不少女孩都或多或少受到过校园暴力的侵害，而受害者往往就是像雯雯这样"温顺老实、好欺负"的女孩。这种暴力行为一旦发生，不仅会给受害女孩的身体带来创伤，更会给她的心理造成难以治愈的伤痛，在伤痛的重压下，有的女孩甚至会难以承受而产生轻生的念头。

因此，女孩一定要在心里敲响警钟，面对任何形式的校园暴力，都要坚决地说"不"。

要知道，校园暴力的发生是有征兆的。比如，几个女生联合起来欺负一个女生，排挤她、嘲笑她、对她做过分的恶作剧，这些都可能演变为更严重的校园暴力。再比如，一个女生与品行不端的几个女生发生了矛盾，遭到了她们的威胁、恐吓，就更容易演变为严重的校园暴力事件。当这些危险信号出现时，你务必警觉起来。

面对这些情况，一定不能认为"自己做错了，得罪了对方""受点儿委屈，让对方消消气"，或是害怕对方报复而一味地忍让、息事宁人。要知道，忍气吞声根本不会令对方消气，停止伤害，反而会让对方变本加厉、肆无忌惮。你一定要谨记，在嗅到危险时，不能软弱退让，而要坚强勇敢地面对，及时告诉老师和父母。让我们了解事情的严重性，从而将校园暴力扼杀在萌芽状态。

如果你不幸成为校园暴力的受害者，又该怎样应对，怎样保护自己呢？

1. 保持理智和冷静，不要惊慌

当校园暴力发生时，你一定要保持理智和冷静，可以试着用机警的话语

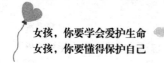
帮自己摆脱困境。比如，对他们说"我爸爸马上就来接我了"。如果这样的话语没有用，一定不要意气用事进行盲目挣扎和反抗，可以假意顺从，然后采取迂回的方法，拖延时间，伺机逃脱或是向路过的人求救。在遭受校园暴力的过程中，要尽量保护好自己的隐私部位和重要部位，减少自己身体受到的伤害。

2. 校园暴力发生后，不要以暴制暴

当校园暴力发生后，既不要"以暴制暴"，纠集几个同学与施暴者打架，也不能独自默默承受痛苦，而是应该第一时间向老师和父母求助。要知道，你们只是年少的学生，这种情况已经超过你们的承受范围，交由老师和家长处理才是正确的选择。

3. 用正确的方式处理受到的心理伤害

万一校园暴力发生在你身上时，你的心灵会受到巨大的伤害，你会感到羞耻、无助和痛苦。对此，一定要做好心理建设，不能钻牛角尖，走死胡同。你可以试试向你的父母、老师和朋友倾诉，也可以在他们的陪同下去看心理医生，接受专业的心理疏导。在适当的条件下可以换班级或是转学，离开伤心之地。

研究表明，那些喜欢独处、朋友不多的女孩更容易受到校园暴力的欺凌。所以，远离校园暴力的最好办法是平时积极参与人际交往，多结交一些朋友，当你的身边有好朋友围绕的时候，校园暴力自然就没有可乘之机了。

第三章

社会比你想的要复杂，
千万不要迷失自己

校园生活是单纯而美好的，可社会就不一样了，它比校园复杂得多，各种诱惑也很多。那么，面对社会生活，需要注意哪些问题呢？抽烟、喝酒、赌博这些恶习是不能有的，也不要乘坐黑车，还要远离酒吧、娱乐场所等是非之地，为的是身心健康，为的是防止上当受骗……

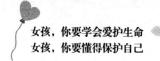

任何情况下都不要吸烟、喝酒

一些女孩为了排解烦恼，出于好奇心，或者是受到身边朋友的影响，学会了吸烟、喝酒。这些不良习惯不仅对女孩正在发育中的身体有害，而且容易给女孩带来恶果。

16岁的小玉身材高挑，长得很漂亮，是一名高一学生。好不容易盼到了期末考试结束，小玉就和自己的同学小玲、小婷约好在某酒吧见面，准备庆祝一下。

大家按约定时间来到酒吧，感觉气氛不够热闹，于是小玲又喊来另外三个男生，其中一个是同校的高二学生，另两个年龄比较大，已经参加工作了，这三人小玉之前都不认识。就这样，六人围成一桌，边聊天，边抽烟、喝酒。过了一会儿，一个男生提议："光是抽烟、喝酒、聊天没啥意思，咱们还是玩骰子做游戏吧，谁输了就要喝一大杯啤酒。"还没等小玉说话，其他人纷纷表示同意，小玉也就没有反对。

到了晚上10点，小玲和小婷两个女生因不胜酒力，就先行打车离开了。可小玉还没有尽兴，直到晚上11点半，小玉已经喝了很多酒，头痛得厉害，不知不觉间进入醉酒状态，根本无法正常行走。

那两个年龄大的男生就向另外一个男生提出，由他们送小玉回宾馆休息。等进了宾馆房间，二人借着酒劲，并趁小玉意识模糊时，对她实施了侵犯。事后二人迅速离开了宾馆。

第二天凌晨2点半，小玉酒醒了，发现自己被人侵犯了，后悔不已。不过，随后她还是选择了立刻报警。警察接到小玉的报警后，很快就锁定并抓住了那两个犯罪嫌疑人。

女孩，不知你注意到没有，案例中的女孩小玉做了很多危险的事情，最终导致自己受到严重伤害。

首先，小玉不应该在晚上去酒吧、KTV等娱乐场所，因为这些场所是不适合未成年人的是非之地；其次，除了小玉的两个女同学，其他三个男生她之前并不熟悉，和陌生人在一起应该注意保护自己；最后，小玉不该吸烟、喝酒，甚至还喝得不省人事。

其实大家都明白，吸烟、喝酒不是好习惯，对于正处于青春期的少女来说更是如此。小玉一次看似豪放的喝酒行为，给自己带来了噩梦，她的遭遇给女孩们敲响了警钟。

有的女孩可能不解：醉酒后遭到侵害比较好理解，可吸烟也会受到侵害吗？答案是肯定的。社会上就曾经出现过一种"迷烟"，这种迷烟事先被做过手脚，掺入了可以令人昏迷的"迷药"，一旦有人抽了这样的烟，没过多久就会不省人事。若是这种迷烟被不怀好意之人利用，后果可想而知。

女孩，即便吸的不是这种迷烟而是普通的香烟，对人体的危害也是比较大的，尤其是对你们这样正处于青春发育期的女孩来讲更是如此。那么，吸烟的具体危害有哪些呢？

1. 危害肺部系统

吸烟会危害肺部系统的健康。因为香烟在燃烧时会释放大量有毒的化学物质，会使支气管、肺泡发生慢性病变，从而使人患上气管炎、肺气肿、肺心病，甚至肺癌等疾病。尤其是长期吸烟者，更容易患上肺部疾病。

2. 危害心血管系统

吸烟还会严重影响人的心血管系统，容易使人患上心脑血管疾病，进而

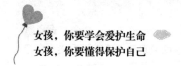

增加心脏的负荷，导致心跳加快。

3. 可致早衰

经常吸烟的女孩，皮肤的弹性会降低，表现为皮肤干涩、粗糙，甚至面容憔悴、色泽灰暗。同时，牙齿也会变黄，口气不再清新。因此，女孩经常吸烟，容貌显得比实际年龄要老很多。

4. 引起记忆力减退

吸烟时，燃烧的香烟会产生一氧化碳。一氧化碳与人体血液中的血红蛋白结合后，极易造成大脑缺氧，从而出现注意力不集中、头昏头痛、思维迟钝、记忆力减退等症状。

5. 导致月经失调

香烟中含有的尼古丁是一种慢性毒药，能减少性激素的分泌量，导致月经失调、月经初潮推迟、经期紊乱等症状。

女孩，尤其对青春期女孩来说，如果经常喝酒，危害会更多。

1. 影响智力

酒内的主要成分是酒精和水。饮入大量的酒精能麻痹人体的中枢神经，降低大脑皮层的思维反应能力，导致注意力、记忆力下降，思维速度变得迟缓，从而造成智力减退。

2. 皮肤大敌

酒精属于刺激性的饮品，如果长期且过量饮酒，就会导致皮肤粗糙，脸上长粉刺，或出现其他皮肤疾病。另外，如果原来就有皮肤疾病，喝酒就会使病情加重，例如导致白癜风、痤疮等病症。

3. 导致发胖

酒精的热量较高，经常喝酒容易使脂肪在器官上堆积，从而引发肥胖、脂肪肝等。

4. 易患肝脏疾病

酒精进入血液循环后，就会带走体内细胞中的水分。一项科学研究认为，女孩体内的含水量要低于男孩，在喝了相同数量的酒后，女孩体内及肝脏中的酒精浓度就会更高。因此，女孩饮酒可能比男孩更容易醉，而且更容易患上肝脏疾病。

5. 醉酒的女孩容易被人利用

女孩所遭遇的约会强暴、虐待或盗窃等危害大多都是在女孩醉酒的状态下发生的。

除了以上列举的一些危害，经常吸烟、喝酒的女孩，还容易患上忧郁症。而且更重要的是，美国一项研究显示，与男性相比，女性对酒精、尼古丁更容易上瘾。一旦上瘾，再想戒掉可就难上加难了。因此，女孩在成长过程中要学会克制自己，任何情况下都不要吸烟、喝酒。因为只有你自己，才能为你的健康和安全负责。

千万别因为好奇而去尝试毒品

女孩，毒品这个名字你应该不陌生吧，关于它的危害或许你也略有耳闻。每年的6月26日是世界禁毒日，其中广为流传的一句宣传语是"珍爱生命，拒绝毒品"，就是告诉人们要远离毒品。因为人一旦吸毒，就会陷入毒品的泥沼中无法自拔。

小悦刚接触毒品时只有16岁，还在上学。那时的小悦喜欢"K歌"，她经常和几个关系好的同学出入歌厅。一次聚会时，碰巧赶上了朋友的生日，他们订了一个大包间，还找来几个小悦不熟悉的人。

大家边喝酒边"K歌"，玩得很嗨。小悦喝了不少酒，她渐渐感到有点

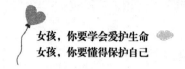
儿头晕。这时有人对她说："妹子，想不想'溜冰'？不但能醒酒，而且还能减肥瘦身。"说着便递给她一个上面带有两根吸管的玻璃瓶子，她并不知道这是吸食冰毒的专用工具——冰壶。因为感到好奇，她犹豫了一下，便接了过去。吸食后，刚开始有些不适，但渐渐感觉整个人变得缥缈起来……

吸毒的感觉原来竟这么神奇，可是让小悦没有想到的是，从此之后她再也离不开毒品了。

就这样，小悦将学业完全丢在了一边，成天与一群社会人员混在一起。每次吸食冰毒后，小悦都不吃不喝，整天待在KTV、会所玩乐，然后又暴饮暴食、连睡多日。有几次，小悦因为吸食了过量的冰毒，结果被送进了医院的急救室。

后来，小悦的毒瘾变得越来越大，身边的"狐朋狗友"们也满足不了她了。为了吸毒，她沦为一名冰妹（指陪客人吸食毒品并向客人提供色情服务的卖淫女）。直到有一次她在宾馆里陪客人吸毒时，房门被猛然踹开，警察闯入，她被抓进了看守所，后来又被带到戒毒所强制戒毒。

女孩，当你看到这个案例，是否对"珍爱生命，拒绝毒品"这句话有了更深的体会呢？女孩小悦因为一次好奇吸食冰毒而毁了自己的青春，毁了自己的大好年华，甚至还可能毁了她一生。这样的遭遇，值得每一个女孩警醒。

女孩，毒品的危害是巨大的，所以，我们有必要先来了解一下毒品的危害。

1.毒品对人的身体造成的危害

（1）吸毒会严重摧残人的身体，它不但能破坏人体的正常生理机能，而且还会导致机体免疫力下降进而引发多种疾病，如果毒品吸食过量还会造成突然死亡。

（2）吸毒会严重扭曲自己的人格。当毒瘾发作时，吸毒者大多都会不顾廉耻、丧失自尊、好逸恶劳、六亲不认。比如，案例中的小悦就因为吸毒而沦为了一名冰妹。

（3）吸毒还容易引发自残、自杀等行为。毒瘾发作时会使人感到非常痛苦，失去理智和自控能力，甚至自伤、自残和自杀。

2016年1月5日早上7点，四川省遂宁市某中学附近，一个年轻女孩状态恍惚，她不光扯拔自己的头发，而且还用剪刀戳自己的头皮，导致满脸鲜血，场面相当恐怖。同时，她还向路人要打火机声称要烧死自己。警察赶到后将她送往医院急救。后经查，女孩是因吸毒导致出现幻觉，从而引发了自残行为。

（4）一些"瘾君子"静脉注射吸毒时，是多人凑在一起合用一支注射器，这极易导致病毒的交叉感染。一些吸毒者在毒品的影响下，性行为混乱，还可能是艾滋病毒携带者。

2. 吸毒对家庭的危害

吸毒对于整个家庭的危害也是十分巨大的，有人形容为："一人吸毒，全家遭殃。"为此，有人总结了吸毒败家的四部曲，即花光积蓄、卖尽家产、借遍亲友、男盗女娼。

3. 吸毒对社会的危害

吸毒不但严重危害个人、家庭，而且也会给社会带来严重的危害。具体来说，吸毒可以造成以下社会危害。

（1）诱发犯罪，影响社会稳定。

（2）吞噬社会巨额财富。

（3）毒害社会风气。

（4）影响国民素质。

女孩，介绍了毒品的危害之后，我们再来看一下如何防止吸毒。

（1）学习毒品的基本知识和禁毒的法律法规。

（2）不要听信毒品能够治病或解脱烦恼和痛苦等各种谎言。

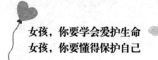

（3）树立正确的人生观，不要盲目追求享受或寻求刺激。例如不要吸烟、喝酒以及去一些未成年人不宜出入的娱乐场所。

（4）远离那些有吸毒、贩毒行为的人。

（5）绝不能以身试毒，也不能因"好奇"而尝试吸毒。很多吸毒人员的体会是："一朝吸毒，十年戒毒，一辈子想毒。"

吸毒是人类健康乃至幸福的杀手，是一个人堕落的开始，是通向地狱的绝望之路。因此，女孩一定要"珍爱生命，远离毒品"。

怎样安全地乘坐出租车、网约车

女孩，我们在前面介绍了乘坐黑车的危险，那么乘坐正规的出租车就一定会安全吗？我们先看下面的案例。

23岁的女大学生姜某从县城乘坐出租车回家时发生了意外，被出租车司机王某抢劫、强奸，最后又被残忍地杀害。事情的过程是这样的：

姜某是郑州市某卫生专科学校的一名即将毕业的学生。她在5月22日下午5点多，从郑州市长途汽车站乘坐大巴返回安阳市某县城，晚上8点半到了县城国营汽车站。之后，姜某在汽车站门口打了一辆出租车，她的家距离汽车站只有5分钟车程。

姜某一上车，就给家里打了个电话："爸妈，我已坐上出租车了，几分钟后就能到家。"可没有想到，出租车司机王某并没有往姜某家的方向开车，而是朝着相反的方向，驶入郊区一个偏僻的村庄……

接下来，因赌博欠了不少债的王某将罪恶的手伸向了姜某。王某先是借故将车停下，随后用一把刀架在了姜某的脖子上，逼她将财物取出，最后，王某又残忍地将她强奸、杀害。

姜某的父母等了一夜，也没有等来早该回家的女孩，那一夜，是姜某一家永远的痛。他们一边报警，一边四处寻找女儿。第二天，姜某的尸体在郊区一片麦地里被民警找到了，几天后，犯罪嫌疑人王某被抓获归案。

一段5分钟的车程，一辆普通的出租车，一个丧心病狂的罪犯，让23岁的姜某失去了年轻的生命。她的不幸遭遇，让熟悉她的亲人、朋友以及关心她的网友心痛不已，很多人都用"不敢相信"来表达自己的惋惜之情。

女孩，看到这里，你是否感到难以置信呢？出租车是城市内一种常用交通工具，能给我们带来很大的便利。但不可忽视的一个事实是，出租车司机大都是陌生人，而面对陌生人一旦发生危险，女性的抵抗能力相比于男性处于绝对下风，很容易成为被侵害的对象。因此，女孩面对陌生的环境和复杂的社会时，要多一分警惕之心，尽量远离潜在的危险。

此外，当前各种打车软件十分盛行，只需一个手机即可操作，这使得乘坐网约车非常便捷。那么，乘坐网约车是否安全呢？我们再来看下面的案例。

18岁的小杨是湖北武汉的一名打工妹。2016年10月19日深夜，小杨因下班太晚没有坐上公交车，就用手机叫了一辆快车。上车后，小杨发现司机的行驶路线不对。正当她准备提出异议时，司机张某掏出了一把仿真手枪威胁小杨，让她不要乱喊乱叫。随后，张某将小杨带到了一处偏僻的地方。张某谎称，自己之前杀过人，让小杨乖乖"听话"。听到这话，小杨吓得不敢声张。张某先是逼迫小杨通过手机支付宝向他转账5000多元，然后强奸了小杨并拍下裸照，还威胁她不要报警，否则就将其裸照发到网络上。下车后的小杨没有屈从于罪犯的淫威而是选择了报警，张某最终被绳之以法。

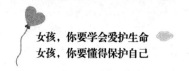

女孩，为了你的安全，以下几点建议需要牢记：

1. 在车内与家人或朋友实时联系

女孩，上车后要先打电话，告诉家人预计下车的时间，与家人或朋友保持实时联系，并随时汇报自己的位置。如果路程较远，可以使用网络聊天工具与家人或朋友随时保持联系。就算手机没电了，你也可以假装给家人通电话，说出你的下车地点，让家人来接你。这样可以威慑有不轨之心的司机。

2. 拍下出租车信息并上传

女孩，当你独自乘坐出租车或专车时，要先记清出租车车牌号、司机名字等信息，可用手机拍下然后通过网络聊天工具传给自己的亲友。

3. 不要选择坐副驾驶位置

女孩，乘坐出租车时尽量不要坐副驾驶的位置，因为越是靠近司机的位置，就越容易被不良司机控制，所以最好选择后排的位置。

4. 当发现路线不对时，要立刻通过一键报警电话寻求帮助

女孩，当你发现司机所开的路线不对劲时，就要及时提醒司机。如果司机还是选择错误的路线，此时就要当心，可以拨通手机上提前设置好的一键110报警电话寻求帮助。

5. 利用随身携带的"武器"保护自己

女孩，当你独自乘车时，包里最好带上一些御防工具。如果没有，你可以利用包里的铅笔刀、圆珠笔等一些尖锐的东西，可不要小看这些，在紧要关头它们可能会保护到你。

6. 遇到危险时不要慌张，要沉着冷静

当发现不对劲的时候，要尽量克制自己的惊恐，多想办法分散司机的注意力，或者通过一些话语唤起他的良知。

不与家人之外的其他人到野外去旅行

女孩，像你这么大的孩子，往往还不具备足够的独自旅行的能力。如果想要外出旅行，应该和家人一起，不要和不熟悉的人结伴。

刘菱是旅游学校的一名学生，她很喜欢旅行，特别羡慕驴友们的旅行经历，还经常浏览一些旅游网站。后来，刘菱在一个旅游论坛上结识了张华，对方称自己是资深驴友，去过很多地方。刘菱感觉张华"见多识广"，就经常和他谈论一些旅游方面的话题。

暑假到了，张华约刘菱周末去郊外游玩，他说自己的几个朋友也会去，希望她能多找几个女孩参加。刘菱觉得已经认识张华很久了，再加上自己也很喜欢郊游。于是，她找到了自己的好姐妹小云和小丽。她们二人听说能免费去游玩，当即表示同意。

就这样，张华和他的朋友周末开了一辆商务车，接上了三个女孩。他们一行六人有说有笑，不一会儿就上了高速公路。这时，刘菱的朋友小云感到事情有点蹊跷，去郊外旅行哪里需要上高速呢？再加上他们也说不清楚到底去哪儿玩。因此，小云就留了个心眼，她先是大吃水果，一会儿说自己肚子痛要去厕所。正好前面是个服务区，车停下后小云去了厕所，随后她偷偷给家人打电话，说她们可能遇到了危险，现在正在高速公路旁的某个服务区，并说出了商务车的车牌号。小云的家人听后立即报了警。

回到车上，小云追问张华他们到底要去哪里。张华开始时还有些支支吾吾，后来就恼羞成怒了。他恶狠狠地要求三个女孩听话，否则就给她们点儿颜色看看。可他没有料到，警察正在前方高速口等着他们……

经过警方讯问，张华交代了此行的目的。原来，他准备借外出郊游的机会，拐卖几个女孩去南方从事卖淫。刘菱这才如梦初醒，好在她们没有受到伤害。

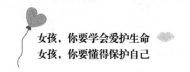

外出旅行本身就带有一定的风险，尤其是女孩，而且跟不太熟的人去旅游，风险就更大了。案例中的刘菱，实际上就相当于和陌生人一起去旅行，因为她对张华根本不了解。他们只是经常在网上聊天、互动，持续了一段时间，刘菱就认为她和张华很熟悉了。其实这种观点是非常错误的，由此导致她们差一点儿让坏人得手。好在刘菱的好姐妹小云是个聪明的女孩。她首先感到事情有些蹊跷，但没有声张，而是不动声色地通过吃水果、上厕所、记车牌号、打电话等一系列巧妙的设计，才让几个女孩免遭被拐卖的噩梦。

野外旅行，人烟较少，信息不畅，本身就有很大的风险，好的同伴可以互相协助，而假如和陌生人一同前去，就存在着很大的风险。理由如下：

1. 野外偏僻环境下心理层面的影响

野外旅行的目的地，大多是空旷无人的地带，尽管这里的风景很美、空气清新，很令人向往，但往往比较偏僻，甚至可能没有任何通信信号。此时，你和不熟悉的人一起旅行，如果碰上别有用心的坏人就可能对你造成伤害，且无法寻求外界的帮助。

2. 存在被诱骗、拐卖的风险

女孩，野外旅行往往路途遥远，可能会使用汽车、火车等交通工具，如果和不熟悉的人一起旅行，就存在被诱骗、拐卖的风险，就像案例中刘菱和她几个姐妹经历的那样。

3. 野外天气状况的影响

野外的天气状况比较特殊，像雷暴大风、短时强降水等强对流天气可能会经常出现。和陌生人一同前往，当遇到自然灾害时，对方可能会弃你而去。因此，还是和你最熟悉、最亲近的家人在一起更安全，他们在关键时刻会保护你。

此外，女孩，你在结交朋友时还是要慎重一些，对要结交的人也要多了解一些，特别是那些刚认识没几天就要求一起出去玩的朋友，我们就应该多一些警惕，这样才能最大限度地保证自己的安全。

别掉进亲朋好友的传销陷阱

女孩，你听过"传销"吗？它是一种诈骗行为，本质是"庞氏骗局"，在中国又被称为"拆东墙补西墙"或"空手套白狼"。早在1998年4月21日，我国政府就已宣布全面禁止传销，2005年11月1日起正式施行《禁止传销条例》，但由于各种原因却屡禁不止。

2017年7月14日晚上11点，长沙一家咖啡店正准备打烊，店里突然进来了两男两女。其中，一名年轻女子在点单时，在刷卡消费单上悄悄写了"求救"这两个字。收到字条后，店长高女士立刻明白了这名女子的用意，立即拨打了报警电话。

很快，附近派出所的民警赶到了现场，在初步了解情况后，将四人带回了派出所。求救的这名女子叫小琪，是广西南宁一名在校大学生，今年只有19岁，那么她为什么千里迢迢跑到长沙了呢？

原来，小琪的家庭条件不太好，她经常在业余时间打工挣钱。此时正值暑假，她准备在学校附近找一份工作。就在这时，小琪的高中同学小菊告诉她，自己在长沙一家旅游公司当导游，工作很轻松，工资也很高，让小琪也来这里一起上班。小琪一听就动了心，她立即订下了一张前往长沙的火车票。

小菊如约来到火车站接小琪，然后把她带到了一户人家。当门打开后，小琪发现，不大的屋子里到处是人，空气中还有一股难闻的气味，而且所有的人都坐在地上听一个人激动地给他们讲课。小琪立刻意识到自己陷入了传销窝点，但她暗自决定不能打草惊蛇，并找机会逃出去。

于是，小琪装出一副特别信任他们的样子，并表示自己愿意加入他们的组织，在听课时也特别认真。很快，她便成了这里的"积极分子"。几天

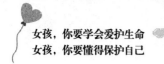

后，小琪借外出之际来到咖啡店偷偷给店长写下了"求救"字样，最终被民警解救。

案例中的小琪轻信自己高中同学小菊的话，孤身一人来到一个遥远、陌生的地方找工作，结果陷入传销骗局。幸好她在危境中足够机智，在店长的帮助下成功脱险。但在下面案例中，两个身陷传销组织的年轻人由于没有采取正确的自救方法，结果令人惋惜。

曾有这样一个案件：河南20岁的大学生孙某被好友骗至一出租屋后，由于她始终不肯加入传销团伙，几名传销骨干对她拳打脚踢，并采用了开水烫、毛巾遮脸水淋、鼻孔插香烟等一系列折磨方式。孙某最终在他们的虐待下丧生。

还有一个案件：2016年7月5日，刚从某重点大学毕业的22岁大学生小红，被一名网友以交朋友为名骗至合肥，并拘禁在一个传销组织内。在接下来的几天内，小红因不听话遭到5人不间断的殴打、体罚，最终永远离开了人世。

女孩，传销组织之所以时至今日仍有生存空间，就是利用了熟人或亲友的信任进行"拉人头"式的欺骗，然后将受害人骗至外地并加以控制。导致受害人轻者钱财散尽，而重者，就会像案例中的受害人那样，被活生生害死。因此，当亲友或同学邀请你去外地旅游或工作时，一定要"三思而行"，因为很多传销团伙正是以亲友的名义拉人下水的。所以，即便是亲朋好友也要提防。

如果不慎误入传销组织，该怎么办呢？

1. 记住地址，伺机报警

当你被带到一个陌生的地方并被控制人身自由后，你首先要掌握自己所处的具体位置。如果不能掌握，可以查看附近的标志性建筑或商铺的名字，比如暗中记下一些饭店、商场的名字，以便伺机报警。

2. 趁外出时伺机逃离

传销组织经常会开展一些户外活动，在这个过程中可以寻找机会逃离。

3. 必要时可以装病，以寻找逃离机会

装病是制造逃脱机会的好办法，但要装得像真的一样，千万不能被对方看出明显的破绽，一旦对方放松警惕，你就可以伺机逃离，或趁外出就医时逃离。

4. 通过纸条求救

在很多逃出传销组织牢笼的案例中，有些是通过"纸条求救法"实现的，例如前面案例中的小琪。此外，如果没有外出逃跑的机会，为引起注意，还可以将求救信息写在钞票上，然后趁人不备从窗户扔下。

5. 骗取对方信任，寻找逃离最佳时机

如果实在走不掉又被看得很紧，可先伪装自己并骗取对方的信任，让他们放松警惕，最后再寻找机会逃离。

总之，当你面对传销组织时，一定要提高警惕，保持清醒的头脑，避免上当受骗情况的发生。

助人为乐也要多个心眼儿

助人为乐是我国的传统美德，但在助人为乐的同时，也要多留个"心眼儿"，以防掉进坏人的陷阱。下面，我们先来看一个真实的案例。

几年前，四川省南充市嘉陵区某村庄，10岁的女孩蕾蕾（化名）去奶奶家吃午饭，饭后她独自一个人回家。中午1时左右，当蕾蕾走到敬老院附近时，碰到一名开着三轮摩托车，年龄在40岁左右的陌生男子，该男子问蕾蕾："小姑娘，你知道××超市怎么走吗？我要给超市送货。"

蕾蕾热心地给陌生男子指路，男子表示感谢后并没有离开，而是继续搭讪。当得知蕾蕾是一个人回家，身边没有人跟随时，男子就谎称自己还是不认路，而且急着给超市送货，请蕾蕾上车亲自给他带路。

蕾蕾见这个和蔼可亲的叔叔长得不像是坏人，又是给自己熟悉的超市送货，而且此处距离那个超市不远，就上了他的车。可让蕾蕾没有想到的是，当三轮车行驶到一个路口时，该男子突然转向了一处偏僻的树林。

随后，蕾蕾被之前这个看起来和蔼可亲的男子强暴了。事后，蕾蕾哭着跑回家，家人得知情况后迅速报警。3个小时后，警方将犯罪嫌疑人刘某抓获。

蕾蕾心地善良，热情助人，完全没有意识到危险。这个案例告诉我们，遇到陌生人问路或求助时，可以热心帮忙，但不能疏于防范。要知道，社会上的人形形色色，而我们知人知面不知心，看似善良、阳光的人，可能内心丑恶、阴暗。因此，我们要多留个心眼儿，当心掉进陌生人设下的陷阱。

那么，当你遇到陌生人寻求帮助时，怎样做才能保护好自己呢？

1. 礼貌地拒绝对方过分的要求

女孩，当你在路上遇到陌生人问路时，你可以给对方指路，但如果对方让你给他带路，你应该礼貌地拒绝。对方还可能叫你上他车，表示带你一路，你千万不要答应，哪怕是你非常熟悉或距离不远的地方也不要去。你可以礼貌地拒绝对方："爸爸妈妈不让我和陌生人走，你要是想找人引路，可以找警察叔叔帮忙。"

2. 与陌生人保持一定的距离

女孩，当你与陌生人交流时，最好与对方保持适当的距离，以便危险发生时，你可以迅速逃离危险区域。如果陌生人靠近你，你可以有意识地往后退，不要给对方靠近你的机会。

3. 发生危险时，可大声呼喊以引起路人注意

女孩，如果陌生人试图纠缠你，你可以向人多的地方跑，并大声呼喊来引起路人的注意。我们不妨看一个案例：

这天，湖南省常德市临澧县某小学学生小佳和一个女同学像往常一样结伴上学，途中遇到一个身穿蓝色羽绒服、头戴黑色绒帽的陌生男子问路："小朋友，你们知道××广场怎么走吗？"

"你在前面的路口右转，再走一段路就到了。"小佳热情地为对方指路。

男子说："是这样啊，我对路不熟悉，反正现在还早，不如你们俩带我一起去吧！"

小佳说："叔叔，不行，我们上学就要迟到了，不能和你一起去。"

说完她们转身准备离开，但陌生人迅速抓住两个女孩，准备将她们强行拉过马路。面对突发情况，小佳和同学意识到危险来了，但她们没有慌乱，而是乖乖跟男子走。当行至路边一家宾馆门口时，小佳故意放慢脚步，然后对着宾馆大声呼救。男子见势不妙，迅速逃走。

案例中，两个孩子在遇到危险时没有束手无策，而是选择了一个十分有利的时机大声呼喊，结果吓跑了坏人，最终脱离了危险，她们的做法值得我们学习。

第四章

谨慎对待陌生人，
拒绝诱惑不受骗

有一句流传很广的话叫"不要和陌生人说话"，为什么不要和陌生人说话呢？因为相对于熟人，陌生人充满了未知和不确定性，存在更多的潜在危险。我们面对陌生人时一定要谨慎，不能太单纯，谨慎对待陌生人的来电，陌生人问路要警惕，不要轻易送陌生人回家……

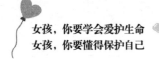

谨慎地对待陌生人来电

现代社会，个人信息如手机号码、年龄、职业、家庭住址等很容易泄露出去，有些不法机构甚至通过出售个人信息来牟利。因此，如果你某天接到陌生来电，不必感到意外。面对陌生来电，你要做的是保持警惕，不可轻信。

一天，陕西16岁女孩小晴突然接到一个陌生电话，电话那端的男士亲切地说："你怎么才接我电话啊，老同学！"小晴非常疑惑："你是谁啊，我不认识你啊。"男子说："你的号码是158×××××××吗？"小晴说："号码没错，但我不认识你。"听出小晴有挂电话的意思，男士急忙说："你先别挂电话啊，虽然打错了，但也是一种缘分，就聊会儿呗。"小晴一想，反正也没事，于是就跟对方聊了起来。

男子跟小晴说他叫李兴文，正在西安读大学，还说如果小晴有关于学习方面的疑惑和问题都可以找他。小晴一听，感觉这人真的是太真诚、太热心了，对他也产生了好感。这次以后，李兴文常常打电话过来跟小晴聊天，一来二去，两个人渐渐熟悉起来。

一天，正在睡午觉的小晴被李兴文的电话吵醒了，他说刚好学校放假，他就连夜赶过来看小晴了，很想见她一面。小晴被他的"浪漫"感动了，没有多想就来到了约定的地点。没想到，迎接她的却是一场噩梦。三个男子突然出现在她的面前，将她拉上了一辆车，带到了一所宾馆中对她进行了强奸，然后逃逸。

民警将三名犯罪嫌疑人抓获后得知，这三个人并不是什么大学生，而是当地的无业游民。他们偶然得到了小晴的号码，于是就上演了这样的一场戏。小晴接到陌生来电后，缺少了必要的警惕心，在陌生人的搭讪下甚至和陌生人交上了朋友。让她没想到的是，这个"新朋友"从一开始就是有预谋的，为的就是设计圈套让她往里钻。

那么，面对这些陌生电话，你应该怎么对待呢？下面几点建议值得牢记：

1. 最好不要接听陌生号码的来电

一般来说，熟人的号码我们会存在手机通讯录里，当他们来电时，手机上会自动显示他们的姓名。当你发现陌生来电时，最好不要接听。如果对方再次拨打过来，有可能存在的一种特殊情况是，熟悉的人因为某些原因没用原来的号码拨打你的电话，你若担心错过电话那么是可以先接听问明的。接听后，如果发现对方是陌生人，且没有正当事情，你应该果断挂掉电话。

2. 谨慎对待熟人用陌生号码拨打的电话

当你接听陌生来电后发现对方是熟人，你最好问明对方换号的原因。尤其是你们很久没联系了，更要谨慎一点儿。先通过简单沟通，判断对方话语的真实性和可靠性，不要因为对方是熟人就盲目相信他。

3. 错过的陌生来电，不要急于回拨

有时你会发现自己的手机上有陌生的未接电话，这时你的第一反应是什么？回拨？不，这可不是一个好的选择。也许你担心自己会错过一些重要的事情，但换个角度想，如果对方真的有急事、要事找你，他肯定还会打电话过来找你。所以，不要急于回拨陌生的未接来电，试着等一等，等对方再次来电你再接听。如果对方不再来电，就说明这通陌生的未接来电并不是正经电话，而你可能幸运地躲过了一次诈骗。

4. 反复的陌生来电可以接听，但不要先说，更不要多说

当陌生号码反复来电时，你不妨接听一下，但不要急于开口说话，要

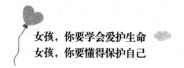

让对方先说。如果是陌生的声音在向你推销、行骗，抑或是搭讪等，直接挂掉就行。不需要跟他们聊很多，更不能出于不好意思有问必答。虽然这种直接挂断的处理方法简单粗暴，但却能够有效地避免陌生电话的继续纠缠。同时，也防止你在沟通的过程中言多必失，透露更多的个人信息给陌生人。此外，对于这样的电话号码你可以使用拉黑功能，使它无法再打过来。

不要被别人的夸赞冲昏头脑

女孩，当别人夸奖你时，你会心花怒放吗？事实上，心花怒放是正常的，但如果得意忘形，迷失自己，那就危险了。

暑假，朵朵在家觉得无聊，爸爸妈妈上班去了，于是她决定坐公交车去找好朋友玩。没想到，这次独自出门成了一趟噩梦之旅。

公交车来了，朵朵上了车，车上人还真是不少呢。朵朵一边往车厢后面走，一边躲闪着挤来挤去的乘客。"小姑娘，来坐这儿吧！"朵朵正后悔自己上了一趟人多的车时，突然听到了一个亲切的声音。朵朵循声望去，只见一位叔叔正向自己招手。"谢谢叔叔！"朵朵顿时开心极了，挤到座位前坐了下来。"不用客气，你可真懂礼貌。你一定是少先队员吧，少先队员让很多孩子羡慕啊！"叔叔不停地夸奖着朵朵，朵朵听得心里甜蜜蜜的，对这个陌生叔叔更是充满了好感。

两个人就这样在车上聊了起来，叔叔不停地夸赞朵朵懂事、漂亮、会说话，朵朵被夸得美滋滋的，对他的各种问题都是知无不言、言无不尽。

"××站到了！下车的乘客请做好准备。"正在跟陌生叔叔聊得火热的朵朵一听到售票员阿姨的报站声立刻站了起来，说道："叔叔，你来坐吧，我要下车了！""这么巧，我也是这站下车！"叔叔瞪大了眼睛惊喜地说。"是啊，这么巧啊！"朵朵一边感到惊奇，一边也忍不住笑了。

下了车，两个人一起沿着路边走着。叔叔对朵朵说："今天遇到你真是太有缘分了，刚好叔叔有点事情想找个人帮忙，你现在有没有时间去帮帮我？"朵朵问："什么忙啊，我能行吗？"叔叔说："当然能行啊，而且就是要有能力、有思想的少先队员才能帮我这个忙呢！你呀，最合适了！"朵朵被叔叔这么一说，有些不好推托了。她一琢磨，反正自己也没什么要紧的事情，最多就是晚一点儿到同学家玩，于是就爽快地答应了。

叔叔领着朵朵进入了一个小区，然后七拐八拐地进到了自己的家中。一进门他便把门反锁上了，此时的朵朵意识到有些不太对劲，强作镇定地问："叔叔，你怎么把门锁上了？"这个叔叔这时候露出了狰狞的面目，邪恶地笑着说："当然要锁门了，要不怎么好帮叔叔忙呢！"可怜的朵朵人小力薄，终究没能逃过犯罪分子的黑手。

喜欢听好听的话，喜欢被别人夸赞是人之常情。但有句谚语说得好："无事献殷勤，非奸即盗。"当有人对你百般讨好，甜言蜜语的时候，很可能是有目的的。要么有求于你，想从你那里得到什么好处，要么是想对你图谋不轨。就像朵朵，自以为遇到了一个能看到自己闪光点的叔叔，却不知那是一位戴着面具的恶魔。实际上，在现实生活中，不只是像朵朵这样纯真、年纪小的女孩会被花言巧语迷惑，就算是成年女性都难免因为一时失去理智而被骗。

2015年2月，浙江一个男性路上偶遇漂亮的女老乡，心生歹意，大献殷勤，设计请其吃饭并骗至宾馆性侵。

2015年2月，湖南一个22岁的姑娘在等长途客车回家时，客车因故不能

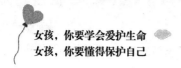

按时发车，卖票男子龙某借机与姑娘搭讪、大献殷勤，哄骗姑娘开房等车。结果在房间里对其进行了侵害。

女孩，看看这些触目惊心的案例，你是否心中多了些警醒呢？其实你有什么优点，你心里是清楚的。别人夸你的话是真心还是假意，想必你也能判断出来。问题的关键在于，你能否保持清醒的头脑和足够的警惕，能够做到一笑而过，不为所动。

当听到有人对你大肆赞美时，你有必要冷静思考对方献殷勤背后的动机，切不要心安理得地去接受，任由其将你夸得飘飘然，失去判断的理智，最终落入坏人的圈套中。除此之外，在遇到有人无事献殷勤时，还可以从以下几点去防范：

1. 远离莫名夸赞你的陌生人

女孩，如果一个陌生人满口夸赞你，你要小心了。你可以微微一笑，不往心里去，然后不失礼貌地远离他。不要出于礼节而过多地与他们交谈，更不要有问必答，以免言多必失，泄露自己的隐私和处境，让对方有机可乘。

2. 谨慎对待异性熟人的殷勤

女孩，不要以为能够对你造成威胁的只有陌生人，事实上很多案件恰恰是熟人做的。因为人们对熟人更容易不设防，对他们过于信任，反而使他们乘虚而入。所以，面对熟人，尤其是异性熟人的过分夸赞时，你也要小心。

3. 不要随便答应对方的请求

在过分殷勤的背后往往会跟随着一系列的请求，如果你碰上这样的人，千万不要因为不好意思，抹不开面子而答应对方。告诉对方，你还有自己的事情，或者说爸爸妈妈在等你，果断拒绝。更不要跟随他们进入宾馆、个人住所等封闭的空间，这种环境下，一旦遇险，你将很难逃脱。

陌生人问路要警惕

女孩，在聊到这个话题之前，相信你曾经也有过被陌生人问路的经历，并且也帮助其指过路。这些看似不起眼的事情，其实也有一定的危险性。下面的案例，就是给陌生人指路而给自身安全带来危险。

2014年6月的一天傍晚，12岁的香香骑车去学校上晚自习。途中，一辆车靠近她，一个女人向她问路。她放慢速度，侧脸看了看对方，发现副驾驶座上有一个化着精致妆容的女人正皱着眉头，痛苦地看向自己："小姑娘，请问附近的医院怎么走啊？我是外地来这里旅游的，突然胃疼得厉害，我不认识去医院的路，你能告诉我吗？"

香香关切地说："你从这条路一直往北开，到第二个红绿灯左转，然后……"

女人突然打断了她，说："我是个路痴，你能靠近点儿车跟我家先生说说吗？"

香香热心地说："好的。"

她把自行车停在路边，走向汽车，俯下身子对着驾驶座上的男人说道："你顺着这条路一直……"

她正说着，突然从后座上下来另一个男人，抓住香香的胳膊就往车上拉，香香大吃一惊，刚想大声呼救，这时副驾驶座上的女人也下了车，捂住香香的嘴并将她推上了车……

从某种角度上来说，远离陌生人是有道理的。因为陌生人对你来说是一个未知的存在，你无论何时都要谨慎地对待他们的搭讪和问路。不要因为对方是年老力衰的老人、和蔼可亲的阿姨，或是天真无邪的小孩，就盲目、无条件地相信对方，忘记了自身的安全。

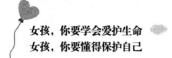

正常情况下，人们问路会首选成年人，而不是孩子，就这一点而言，陌生人向你问路就足以应该引起你的警惕。当然，如果真的遇到需要帮助指引道路的陌生人，我们还是要伸出援助之手的，但是一定要注意方式方法，切不可热心过度，以免给自己造成伤害。

1. 保持安全的距离

女孩，当你给陌生人指路时，记住不要过于靠近，要与他们保持一定的距离。你只需要远远地用手指来指点方向即可，不必在陌生人的身边告诉他。这样，万一发生了危险，你既可以避免对方突发制人，同时也为自己争取了一定的逃脱机会。

2. 不必亲自带路

作为热心人，适当地给陌生人指路就可以了，千万不要主动带路，更不要坐上陌生人的车来给他们指路。当陌生人表示不认识路，不清楚该怎么走，希望你帮忙带路时，更要提高警惕。哪怕是你非常熟悉、非常近的地方也千万不要去。你可以告诉对方，如果他还是不清楚可以到下个路口再继续问别人，或者找交警询问。你也可以提醒他们用手机自行导航。

3. 摆脱纠缠

女孩，当你已经表明自己不清楚具体的路线，或者不给对方带路时，对方如果还继续纠缠你，不要犹豫，要立刻大声呼喊，引起路人的注意，或者尽快跑到热闹的人群中、交警身边、大型商场或者超市里有保安的地方。

识别陌生人的搭讪

女孩，在成长的过程中你会碰到无数的陌生人，他们有可能会向你咨询某件事情，有的时候还会找各种话题与你搭讪、聊天，希望你能擦亮眼睛，仔细识别他们的骚扰，千万不要上当受骗。

一天下午，风和日丽，春光无限，10岁的小兰骑上自行车来到了自己家附近的小公园里玩。正当她一圈圈地骑行时，突然来了一个骑着摩托车的男子。男子在公园门口四处观望了一会儿，径直骑到了小兰的身边问道："你认识小晴吗？"小兰被男子吓了一跳，她听到男子的话摇了摇头。男子很不可思议地看着她，又说道："你怎么会不认识小晴呢？你忘了，你们经常在这里一起骑车、玩耍，你再仔细想想，你肯定认识小晴！"

被男子这么不断地提醒和追问，小兰似乎觉得自己的确认识一个叫"小晴"的人。她不由自主地说："哦，好像认识吧。"男子一听露出了笑脸说："我就说嘛，小晴让我来找你，你怎么会不认识她？走吧，她在××游乐场等你呢！我带你过去吧！"小兰糊里糊涂地就答应了，跟着男子顺着公路骑了很久。

男子一会儿说左拐，一会儿说右拐，很快就把小兰带到了一条偏僻的小路上，路边还有一个大大的池塘。小兰一看情况不对，刚想掉转自行车头离开，就被男子一下子拽下了车，自行车也被摔出去好远。小兰吓得大叫起来，男子一把捂住小兰的嘴，将她摁倒在草地上，并且威胁道："再叫我就把你扔到水塘里淹死，让你再也回不了家！"小兰被吓得手足无措，失去了反抗能力和意识，男子趁机对她实施了强奸。

经过警方的多方调查，犯罪嫌疑人朱某被抓捕，原来他是名强奸幼女的累犯，刚刚刑满释放2年，就又故技重演地盯上了年幼的小兰。

对于心怀不轨的陌生人来说，为了达到自己不可告人的目的，他们常常会采用多种手法来骚扰或者蒙骗不谙世事的小女孩。比如假冒身份，就像案例中的朱某，冒充小兰认识的人的朋友，花言巧语将小兰骗到了偏僻的地方。

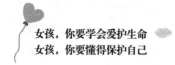
也有一些人可能会自称是女孩父母的同事或者朋友。女孩，如果你遇到这种情况，务必给父母打个电话，核实一下，千万不要单纯地听信陌生人。要知道，陌生人如果以你为目标，那必定会做足功课，准确地说出你的个人信息，让你误以为他是你父母的朋友。

还有的陌生人则通过多次的搭讪、聊天，慢慢取得你对他的信任，让你认为他已经是你熟悉的人，使你放松警惕，而此时的他却猛地伸出了恶魔的爪子。

海南三亚曾发生这样一起案件：一名41岁的男子屡次在一个10岁小女孩上学的路上与其搭讪、聊天，当他慢慢与女孩熟识后，将其骗至偏僻处强奸。

山东省威海市曾发生这样一起案件：2016年4月，威海市一名15岁的女孩在上学的路上，遇到在路边开店的一个26岁的陌生男子向其求助，她出于好心进入男子的店铺帮忙，结果惨遭奸杀。

天真无邪的女孩想要练就一双识别陌生人骚扰的"火眼金睛"并不容易，也非一朝一夕之功。不过，通常而言，有目的、有企图的骚扰你的陌生人通常都会露出一些蛛丝马迹，比如以下行为：

1. 与你套近乎

他们会想方设法地找各种你感兴趣的话题，与你聊天，激起你说话的欲望，并且不断地套取你的个人信息，比如在哪里上学、多大了等等。

2. 邀约外出

这些人常常跟你稍微一熟悉就会很"诚恳"地邀请你出去玩，说出的话仿佛都是在为你考虑，其实就是想尽办法与你独处。

3. 提出貌似合理，却经不起推敲的请求

心怀叵测的陌生人在与目标搭讪后，常常会提出一些要求，比如让你带路或者帮忙。这些要求看似没什么问题，实际上如果你冷静下来，深入思考一下，就会发现非常不合理。就像上面案例中的女孩，在正常的情况下，一个年轻力壮的男子怎么会找一个羸弱的小女孩帮忙呢？如果女孩当时能够理智一点儿，就不会轻率地跟着这个看似熟悉、实则陌生的人走进那间黑店。

女孩，当你独自一人时，如果发现所接触到的陌生人有上面列举的那些特征，请务必按照以下几点去做：

1. 迅速远离

无论他跟你说什么、聊什么，你都不要理睬，赶紧离开他，向人流量大、有保安或者警察的地方跑，比如商场、超市，或者跑向路边执勤的交警，等等。

2. 立刻报警

俗话说，做贼心虚。这些居心不良的人是不希望被更多的人发现自己的恶劣行径的。所以，当你遭到陌生人骚扰时，你要战胜内心的恐惧，大声地呵斥他，用你的气势压制他。同时，抓紧时间报警。

3. 大声呼救

女孩，当你遭遇到陌生人的强行拖拽、拉扯而无法报警时，那么一定要大声呼救。如果是在封闭的空间，就直接喊"着火了"，这样大家都会跑出来。如果是在路上，向周围的人大喊"人贩子，快打110"，表明态度，告诉路人，你根本不认识他们，不是一起的。

4. 吸引路人

现在的社会，往往有的人会心存冷漠，抱有"事不关己，高高挂起"的态度。万一你遇到的路人是这种心态，那么你就要想办法破坏路人的财物，比如抢路人的手机、背包，把他们强行牵涉进来。或者破坏旁边店铺的财物，引起利益纷争，闹得动静越大越好，这样路人就无法忽视你，从而促使人报警。

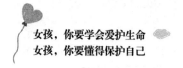

不要向陌生人泄露个人信息

女孩，你是否遇到这样的事情：在网上注册ID，使用的是自己的真实信息，并且填写的资料非常全面、详尽；在与陌生人聊天的时候无意中透露自己的行踪？江苏一名15岁的女生就是因为这样遭遇不测的。

暑假的一天，15岁的小美正在家里上网，QQ消息框突然跳出一个网名为"往事如烟"的人要求加她为好友。小美看看这个人自己并不认识就拒绝了。然而，随后的几天里，这个人仍然不停地要求加小美为好友，而且还在备注信息中留言称自己是与小美同龄的人，希望能交个朋友，考虑到只是网络上聊聊，不至于有什么太大的危险，小美就加了这个人。

之后的日子里，每当小美上网，这个名叫"往事如烟"的人就不停地给她发信息、聊天，每次说不了几句话就试图约小美外出，小美考虑到自身安全以各种理由拒绝了。

这天上午，小美正在上网，"往事如烟"又跳了出来，照例想方设法要约小美外出。小美被他搞得不胜其烦，就对他说自己9点钟要外出去找同学。"往事如烟"再三跟她确认有没有骗他。小美说："真没骗你，我真是要外出去找住在××小区的同学。"

9点钟，小美准时出了门。一路上她蹦蹦跳跳，一边欣赏着美丽的花草树木，一边哼着歌。突然，她感觉有些不太对劲，一辆白色的越野车似乎一直跟在她的身后。小美走，车就走；小美停，车就停。小美内心充满了恐惧，迈开步子就开始往前跑。看到小美跑了起来，那辆越野车也加快油门跟了上来。当车子赶上小美时，车窗摇下，一个陌生的男子冲着外面喊："嗨，别跑啊，我是'往事如烟'。"小美听到这个人居然就是网上那个不停骚扰自己的人，吓得跑得更快了，越野车则紧追不舍。小美实在跑不动了，就停下来问他："你究竟想干什么？""往事如烟"说："我不想干什么，就是想跟你说几句话。你上车来，咱们聊几句，以后我就不找你了。"为了彻底摆脱他，小美便答应了。

然而，小美一上车，车子就快速启动开到了一处偏僻的地方。"往事如烟"在车里残忍地侵犯了小美，小美奋力反抗也无济于事。

小美之所以会被网友盯上，就是因为在社交资料中透露了个人信息，否则对方不可能宣称和小美同龄。说到这里，你该明白泄露个人信息有多危险了吧！要知道，当你的个人信息被泄露时，你就仿佛置身于一个透明的世界里。垃圾短信、骚扰电话、诈骗集团、犯罪分子都会悄然地盯上你，将你设定为他们的目标。你自己想一想，是不是感到不寒而栗呢？所以，无论何时都一定要有安全意识，要有自我保护的警觉性，千万不要向陌生人、陌生的平台泄露自己的个人信息。

随着现代科技的发展，犯罪嫌疑人也有了更多的犯罪手段来获取别人的信息，希望你能远离以下这些套取个人信息的陷阱。

1. 网上的测试

在网络上或者朋友圈里常常流行一种测试，比如测试你的性格是怎样的、你的前世是谁、你是某热播剧中的谁，以及你的姓名代表什么样的含义、有怎样的运势等，如果想知道结果，必须填写姓名、年龄等个人信息。表面上看，这些测试好玩又有趣，是大家自娱自乐的一种方式，实际上你的个人信息已经被套取了。

2. 线上线下的各种调查问卷活动

随着市场经济的发展，越来越多的商家为了提升客户体验，赢得更多的客户，总是会向人们发放一些调查问卷。有的是线下的，常常会有专门的销售人员来向路过的人们征询填写问卷。有的则是线上的，很可能你在浏览网页时就一下子弹了出来，你最好谨慎参与这些调查问卷。也许你会说，反馈

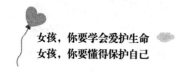
一下自己的体验，让更多的人受益不是很好吗？如果你抱有这样的想法，那么至少要注意保护个人的隐私信息。

3. 注册网站会员填写个人敏感信息

现在的网络社交工具越来越多，而我们需要通过网络进行的活动也越来越多。当你注册网站时，记住只填写必填项目，那些涉及个人信息的内容，比如真实姓名、家庭住址等，能不填则不填。千万不要毫无保留地把所有选项都填写完整。

4. 扫码

随着二维码技术的普及和应用，"扫一扫"随处可见。尤其是各种商家更是做了很多"扫一扫"送小礼品的促销活动。如果你遇到这种活动，可不要贪图便宜为了领取自己心仪的小礼物就毫不犹豫地用手机扫描各种商家的二维码，甚至如实填写姓名、住址、电话等个人资料。要知道天下可没有免费的午餐，很多时候你得到的只是些用处不大的小物品，然而给出去的却是你最宝贵的个人隐私。

5. 随意丢弃写有个人信息的纸张、书本

女孩，不知你对带有自己的姓名、班级、学校的废旧纸张、本子、书等是如何处理的，但是你也许想不到这些东西也很可能成为犯罪分子用来拼凑你私人信息的材料吧。所以，记得将有你信息的页面妥善处理，最好是彻底销毁。

陌生人递过来的饮料要当心

女孩，朋友都是从陌生人开始，通过交往，变成熟悉的人，再变成朋友的。但在最初的阶段，对方在你眼中只是陌生人时，你必须保持警惕，特别是不能随便喝对方递过来的饮品。

15岁的晶晶和真真在滑冰场内滑冰。由于经常来这里玩，所以她们的动作非常娴熟优美，总能吸引周围人钦佩的目光，这让她们感觉很得意。正玩着，突然有两个陌生男青年跌跌撞撞地向她们滑了过来，其中一个说道："你们滑得可真棒，是不是专业的运动员啊？"晶晶她们感觉很突然，但是出于礼貌还是回答道："我们不是运动员，只是常来滑冰熟练了而已。"

另外一个男青年很诚恳地问："那你们能不能教教我们？我们滑了很久都不会，需要高手指导一下。"晶晶和真真稍微犹豫了一下，但是看到对方一脸的真诚，看起来不像坏人，再加上光天化日之下，滑冰场中又有那么多人，怕什么呀，于是就答应了。

晶晶和真真分别一对一地教他们两个人滑冰的基本动作，要怎样保持身体的平衡，怎样自如地转身等等。渐渐地，他们四个人就仿佛熟人一般在滑冰场上玩得越来越开心。玩了一个多小时后，其中一个男青年跑到滑冰场的小超市买了几瓶饮料，分别递给了晶晶和真真。晶晶和真真开心地一边说着"谢谢"，一边拿过饮料就喝了起来。

喝完饮料，晶晶和真真说："时间不早了，我们得回家了。"两个男青年说："好，我们送你们回去。"晶晶刚想说："不用了，你们继续玩吧。"就感觉一阵阵头晕，她模模糊糊地看到真真已经晕倒在了其中一个男青年的怀里。另外一个男青年也笑着向她伸出了手。晶晶预感到了危险，但是她已经说不出话来了，只能任由对方将她带出了滑冰场。

现场滑冰的人虽然多，但是看到晶晶和真真与那两个男青年有说有笑的，以为他们是一起的，没有人发现异常。晶晶和真真就这样失去了被解救的机会。

女孩，你知道吗？坏人脸上是不会写"坏人"两个字的，他们并非天生

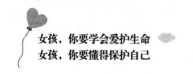
长着一副邪恶的样子。他们往往非常善于伪装，表现得真诚、友好，但也无时无刻不在伺机对你下手。案例中的晶晶和真真就是过于轻信陌生人，才被他们友善的表面给欺骗了，最关键的是她们犯了与陌生人交往的大忌——喝陌生人递过来的饮料。

2018年，人民日报官方微博上曾曝出这样一则新闻：上海某日料店监控拍下惊人一幕：一对男女正在用餐，男生趁女生低头玩手机，往女生饮料中下药。接着，女生喝下了下药的饮料，便软弱无力地靠在沙发上。

广东一名15岁的女孩喝了陌生人给的饮料后，顺从地跟着他们上了长途客车，差点儿被拐走。

湖南19名小学生在放学路上喝了同学妈妈给的乳酸饮料后中毒，事后查明这个同学的妈妈患有精神方面的疾病。

······

每每类似案件破获后，警察就会郑重提醒大家：无论在什么情况下都不能随便喝陌生人给的水、饮料，吃他们递过来的食物等。哪怕熟人递过来的饮品和食物，也要谨慎对待。希望你记住警察的忠告，不要贪饮，或者抹不开面子拒绝。

1. 要喝自己买的、亲手打开的水

女孩，如果你口渴了，想喝饮料或水，最好自己去买，且亲手拧开瓶盖。如果没有力气拧开瓶盖，可以请随行者帮忙，但要看着对方打开瓶盖，尤其当随行者是陌生异性时。对于陌生人买的饮品，不要随意接受，也不要觉得亲眼看见对方打开瓶盖，就毫无戒备地喝下去。要知道，并不只是打开瓶盖才能对瓶中的水做手脚。

2. 中途离开再回来时，最好不要继续喝开了盖的饮料

女孩，如果饮料喝了一半，中途你离开了一会儿，如接电话、去洗手间等。为了个人安全着想，回来后最好不要继续喝剩下的饮料。因为你无法确定，在你离开的这段时间内发生了什么。

3. 警惕纠缠给你饮料喝的人

女孩，如果你婉言谢绝了别人递过来的饮料，但对方仍然不罢休，找各种理由继续纠缠你，让你喝下饮料，或者吃下他给的东西。你可要小心了，最好明确拒绝："我真的不口渴，谢谢！"然后尽快离开对方。

4. 不慎喝下药物饮品，要及时求救

女孩，如果你不幸喝下掺有药物的饮料，哪怕感到一丝的异常，都要立刻拨打电话报警，或者告知家人、朋友立刻来接你。如果你来不及打电话，还可以先想办法向现场的人，比如服务生、邻桌等求救。制造事故、引发财物纠纷，卷入的人越多，相对而言你就越安全。

除了在饮料中投毒，有的犯罪分子还会利用零食、新奇的小玩意、含迷药的香水等来诱惑年少女孩。因此，出门在外，遇到陌生人时，不但不能喝他们给的饮料，也不能吃他们给的食物，就连一些带有气味的物品也要尽量少接触。

当心"善意的好人"

女孩，当你在外面遇到危险或者意外时，难免会心慌意乱，很容易把遇到的任何人都当成救命稻草。但是，我们要提醒你，千万不要轻信那些在你危难之时及时出现的人，他们不一定都是善意的好人。10岁的樱兰就是被

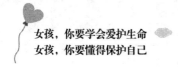

"好心人"的假面给欺骗了。

　　暑假的一天傍晚，樱兰与妈妈一起在火车站附近摆地摊。妈妈见樱兰只顾玩手机，对正在询问的客人不予理睬，感到非常生气，就骂了樱兰几句。樱兰很委屈，自己一直在帮忙，只是回复同学发来的信息，就被妈妈给骂了一通。与妈妈争执后的樱兰一气之下离开了摊位，心里愤愤地想："如果我消失了，看你害怕不害怕，着急不着急！"

　　樱兰百无聊赖地在火车站附近四处溜达着，不知不觉中夜幕降临了，街上的商店都纷纷关了门，行人也逐渐稀少起来。樱兰心里有些害怕了："不行，我得赶紧回家去。"她凭借记忆来到妈妈常带她坐的公交车站，结果发现因为时间太晚，公交车已经停运了。樱兰有些慌了神："到底该怎么回家呢？对了，好像妈妈跟我说过有一辆夜班公交车可以坐到家附近。"樱兰边想边急急忙忙赶到了这辆夜班车上，夜班车上没有什么人，樱兰独自坐在了座位上，心里盘算着到站的时候问问路人该怎么回家。

　　当夜班车在一个站点停车后，上来了一个40多岁的男子，径直走过来坐在了樱兰的身边。樱兰看看这个男子比较和善，于是壮起胆子问："叔叔，您知道到××站的时候怎么去××小区吗？"男子仔细打量一下樱兰，笑着说："你是不是找不到回家的路了？我的车在下一站，等会儿我开车送你回家吧。"

　　樱兰有些迟疑，男子又说道："我一看到你啊，就想到了我的女儿，放心吧，我一定会把你安全地送回家的。"听到这些话，樱兰心中一阵欣喜，"看来是遇到好心人了"。她开心地连声说着"谢谢"。

　　夜班车到站后，樱兰跟着男子一起下车，并上了男子的车。走着走着，樱兰发现越来越偏僻，她感到不对劲了，便大声嚷嚷起来："我要回家！"男子一边开车一边安抚樱兰说："我是带你回家啊，这条路近，一会儿就到了。"然而，所谓的"好心人"送樱兰回家最终却是一场莫大的骗局。樱兰被他带到了一处非常偏僻的路段，在威胁和恐吓中被侮辱了。

女孩，你看到了吧，并不是所有标榜自己是好人的人就一定是心存善意的。有的陌生人的善意让人倍感温暖，而有的陌生人的"善意"却暗藏陷阱。你一定要擦亮眼睛，时刻保持警惕。在现实生活中，被"好心人"的面具蒙蔽双眼而遭遇伤害的例子并不少见。

陕西一个女孩在路上打车时，遇到一个骑电动车的男子好心要将她送到目的地。女孩见其面善就上了车，结果被拉到一条偏僻的小路上，在玉米地里遭受了性侵。

贵州12岁的女孩独自离家出走寻找亲生母亲，一位"好心"的大叔声称认识女孩的妈妈，并愿意带她去寻找，结果却意图将女孩拐骗回家。

俗话说："知人知面不知心。"当你遇到困难或者烦恼时，如果有人突然非常善意地出现在你的面前，并且声称能帮助你解决一切问题，那么请你保持冷静，不要盲目相信他们。如果你想寻求帮助，可以采用以下几种方式：

1. 寻找专业人员帮助

女孩，如果你迷路了，或者遇到了困难，那么一定要记住，最值得信赖、最有安全感的就是警察、派出所这些专业的人员和机构。向他们寻求帮助，他们会帮你联系到父母；如果无法联系父母，他们还会把你安全地送回家。

2. 直接打电话向家人求助

牢记父母的电话，当你不知道回家的路，或者遇到问题时，可以去找公用电话亭或者大型商场等地方的公用电话来联系父母，告知自己的位置。

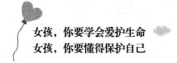

3. 搭乘公共交通工具回家

女孩，如果有一天，父母有事无法来接你，建议你优先选择乘坐公共交通工具回家，而不要随手就去打车。尤其是夜幕降临时，更不要一个人上黑车。

4. 不要轻信"好心人"，更不要跟着他们走

在你遇到困难时，不要随意跟着陌生的"好心人"四处走动，寻找回家的路，更不要轻易听信他们的话，任由他们开车带你寻找。找个借口摆脱他，去找警察来帮助你联系父母。

5. 不要与路上偶遇的"好心人"畅聊

女孩，无论何时都不要随便与突然出现的、充满善意的陌生人提及个人信息，或过多地谈起自己的烦恼和想法。要知道，很多时候"说者无意"，但是"听者有心"。

如果你情绪不好，想找个人聊聊，那么父母无疑是你最好的倾听者。如果你的心里话不想跟父母说，可以找你的同学、朋友，而不要被陌生的"好心人"给迷惑了，轻易地将自己的境遇和盘托出。

第五章

早恋是美好的,
但结果往往是苦涩的

爱情是人类永恒的主题,是甜蜜而美好的。然而,青春期的爱情则像一枚未成熟的青苹果,酸涩无比,摘下它,有时候还会给自己带来伤害。所以,在应该好好学习的年龄段,女孩最好还是与青春期爱情保持一份距离,等到瓜熟蒂落时,再去品尝它的甜蜜吧!

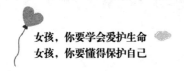
与男生交往要把握分寸

进入中学后，很多女孩都进入了青春期，对异性有了更多的关注，也会结交很多异性朋友。这是成长的一个阶段，我们由衷地为你感到高兴，也不免有些担心——担心你与男生交朋友时把握不好尺度，可能会给自己带来伤害。看了下面的事例，你就会明白了。

嫣嫣父母在外地经商，出于对孩子安全的考虑，他们将13岁的嫣嫣送到某寄宿制中学就读。

由于缺少父母的关爱和家庭的温暖，嫣嫣将目光投向了周围的男生，想从他们身上寻求情感安慰。同班男生小杨见嫣嫣长得漂亮，频频向她示好，并给予关心。嫣嫣觉得小杨对她"真的特别好"，便与他越走越近，两个人不久就发展成为"男女朋友"。

成为"男女朋友"后，小杨向嫣嫣提出发生性关系。起初嫣嫣很是抗拒，但是经不住小杨软磨硬泡，心一软还是答应了。两个人趁着节假日，多次在嫣嫣家中发生性关系。

平时，不在一起的时候，两个人通过聊天、视频等方式一慰"相思之苦"。随着时间推移，小杨对嫣嫣的控制欲日益增强，嫣嫣只要和男同学说话，就会招来小杨蛮横的殴打。嫣嫣想要分手，小杨就会威胁要将她的裸照发到网上去。嫣嫣不知如何摆脱小杨的纠缠，只好多次用自杀、自残等方式来宣泄自己的恐惧。

直到有一天，嫣嫣的母亲查看嫣嫣的手机时，才发现小杨的威胁短信，她立即把情况告诉嫣嫣的父亲，两个人愤然去派出所报警，这才将小杨抓获。

对女孩来说，发生这样的事太令人痛心了！嫣嫣原本是天真烂漫的少女，应该快快乐乐、无忧无虑地生活下去，但因没把握好与男生交往的尺度，超越了友情的界限，结果给自己造成了难以抚平的伤痛！

进入青春期后，随着生理特征的变化，少男少女的情绪和情感也会产生很大的波动，在心理上会对异性充满好奇。这种对异性的好奇很容易演变成一种倾慕，从而产生感情。面对感情的萌芽，如果没有把握好交往的尺度，超越了友情的界限，就会盲目地开始一场"恋爱"。

青春期的感情对于少男少女来说是浪漫而美好的，但是这种感情恰恰也是脆弱和危险的。一旦踏入感情的泥沼，不仅会浪费精力、荒废学业，更严重的是，如果像嫣嫣那样做出了不理智的行为，那么到头来必将会悔恨终身！因此，希望你在异性交往的问题上注意以下几点：

1. 与男生交往要自然适度

女孩，在与男生交往时，你的言语、表情、举止动作应该自然流畅、大方得体，既不过分夸张，也不矫揉造作。要知道，青春期的男生是很敏感的，如果你的言行不恰当，很可能引起他们的误会和遐想，这样一来就会为错误的情感埋下种子。

2. 与男生交往要留有余地

女孩，你可以像对待同性朋友那样真诚地对待异性朋友，但是说话做事一定要留有余地，不能"亲密无间"。在与男生交往时，你一定要回避情感、爱情等敏感话题，也要避免特殊的目光接触，更不要与对方进行身体接触。虽然你没有戒心，把男生当作"哥们儿"，可是他未必这么看，很可能会认为你在向他示好，这样就很容易将你置于情感的旋涡之中。

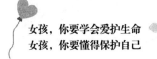
3. 多参加集体活动

女孩，建议你多参加一些集体活动，集体活动既可以让你了解男生，与男生适当交往，又避免了与男生单独接触，从而大大降低情感发展的可能性。通过集体活动，你能够广泛地结交两性朋友，接触的男性、女性朋友多了，你自然就会调整自己的性别认知，很好地面对和处理异性交往问题了。

4. 多与父母沟通交流

女孩，在与男生交往时，如果你产生了萌动的情感，不妨与父母或是其他你信任的别的长辈沟通交流。他们都是从青春期走过来的，你所遇到的情况，他们当年可能也遇到过，所以他们会理解你的情感，为你提供建议和帮助，不要担心他们会批评你。

女孩，正常的异性交往是你心理发展的需要，也是你走向成熟的必然经历，希望你与男生恰当地交朋友，学习对方的长处，塑造出健康、坚强、优良的品质！

分清青春期的友情与爱情

女孩，友情和爱情都是人类最珍贵的情感。但是对于青春期的你们来说，常常会混淆友情与爱情的界限，这将给你们的学习、生活带来很大的困扰。下面这个女孩就遇到了这种"麻烦"。

小娜和小伟是烟台市某高中的学生，高二分班时，两人成了同桌。小伟很帅，个子高高的，嗓音很有磁性，英语口语说得极好，成绩在班里名列前茅。小娜有了这样一个同桌，感到非常高兴和自豪，她希望小伟能成为自己最好的朋友。小娜对小伟特别关心，常常给他带好吃的，而小伟对小娜也很好，在她生病的时候，还主动去给她补课。渐渐地，小娜觉得小伟似乎挺喜欢自己的，因为她感觉小伟看自己的目光总是深情的，对自己说话的声音也总是很温柔。

后来，令小娜痛苦的事情发生了：老师前些日子重新安排座位，由于小伟个子高，就调换了他的座位，安排他坐在最后。当时小娜心里有些不舒服，但还不觉得怎么样。第二天这种不舒服就上升为坐立不安、注意力不集中，老想回头看，每次都希望能与他对视，否则一天都无精打采。过了几天，她开始充满嫉妒、焦虑和烦躁，因为她觉得小伟看他现在的女同桌眼神也是那样深情，他们下课还常常不分开，那个女生总缠着小伟讲题。看着他们高兴的样子，小娜心很痛，她问小伟是不是不喜欢她了。小伟对她说，自己只是把她当成好朋友，并没有特殊的感情，让她不要胡思乱想。自此以后，小娜每天都失魂落魄的，动不动就莫名其妙发脾气，直到一学期过去了，才慢慢有所好转。

小娜的痛苦来源于误将友情当成爱情，这种误会会影响身心的健康发展。事实上，小娜的这种情况在青春期的女孩当中并不罕见，发展异性同学之间的友谊本来是正常的，也有助于女孩自身的心理成熟，但是如果在交往过程中没有把握好言谈举止的分寸，或是错误理解了对方的态度，就很容易像小娜那样混淆友情与爱情，给自己带来困扰和伤害。所以，女孩，你应当正确认识和分辨这两种感情，帮助自己平稳、顺利地度过青春期。

女孩，友情与爱情虽然有相似之处，但是本质上是截然不同的。友情是真挚、纯粹的情感，爱情则是甜蜜、热烈的情感。友情的支柱是理解，爱情的支柱则是感情；友情的地位是平等，爱情却要一体化；友情是开放的，爱情则是封闭的；友情的基础是信赖，爱情的基础是吸引；友情充满了充足感，爱情则充满了欠缺感。

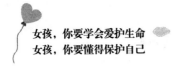

当你了解了友情与爱情的区别，就可以用它来审视自己的内心，正确地辨别友情和爱情。在友情和爱情的岔路口上，你要把握好自己的情感，将异性交往保持在友情的范围内，不要让友情过界，演变为不应当发生的"爱情"。

1. 端正与异性交往的动机

正常的异性交往，能够使男女生之间产生一定的互补，学习对方优点，更好地完善自己的性格。但是，有些女孩与男生交往的动机不纯，不是以互相学习、互相促进为目的，而是以所谓的"爱情"为目的，这样的"友情"一开始就变了味。因此，想要和男生保持纯洁的友谊，首先要端正自己的动机。如果你对自己的感情有疑问，把握不好交往的动机，那么，尽量还是不要开始这样的"友情"。

2. 与异性交往要注意礼仪

女孩，当你与异性交往时，需要注意一些必要的礼仪，千万不要做出让对方尴尬或是想入非非的不当之举。首先，态度和言行要有节制，做到自然大方，热情而不轻浮，大方而不庸俗；其次，穿着要整洁、大方、得体，避免薄、露、透；最后，防止与异性发生身体接触，避免做出超出异性交往范围的举动。

3. 与异性不要越过友谊的界限

女孩，你们正处于青春易冲动的时期，感情的到来很多时候都是身不由己的，男女生之间本来是纯粹的好朋友，可能不知不觉心里就产生别样的感情了。这个时候，你要冷静地想一想，试着控制好自己的感情，既不要轻易向对方表白，也不要轻易接受对方抛来的"橄榄枝"。要知道，友情无论对于任何性别、任何年龄的人来说都弥足珍贵，它就像松柏四季常青；而爱情对于你们这个年龄来说，显然是不合适的，它就像镜中花、水中月，既不真实，也不稳定。所以，还是不要轻易越过友谊的界限吧。友情的天空是蔚蓝、晴朗的，而爱情的天空却阴晴不定。何必过早接受风雨的洗礼？还是在晴朗的天空下享受阳光的温暖吧！

青春期的爱情萌动很正常

女孩，当青春的乐章响起，一种青涩、美好的情感可能会在你的心里悄然萌动，对于这种情感你也许会感到烦恼、不安，甚至会有些许的负罪感。下面这个女孩的情感心理，就很有代表性。

16岁的文文是山西徐州某高级中学的学生。她活泼开朗，学习成绩一直排在年级前5名，深得老师的喜欢，同学们也很佩服她。可高一下学期，她整个人好像都变了，变得心事重重、沉默寡言，学习成绩也一落千丈。文文的爸爸妈妈察觉了她的变化，决定和她好好谈谈心。通过和爸爸妈妈的促膝谈心，文文说出了自己的烦心事。

高一下学期的一天，文文在操场上观看学校的篮球比赛，她特别喜欢其中一个男生的投球姿势，每当他投进一个球，她就大声为他喝彩、加油。从那天以后，文文天天去操场看那个男生打篮球，她发现自己喜欢上了那个男孩。后来，文文又发现那个男生经常早晨在操场上练篮球，为了能见到那个男生，文文也常常一大清早就到操场学习打篮球。

渐渐地，文文发现自己"爱"得越来越深，欲罢不能。这种感情让她心里充满了负罪感，她认为早恋的都是坏孩子，而自己一向是老师和家长眼中的好孩子、乖乖女，产生这样的感情真是太不应该了。随着情绪的波动，文文的性格也渐渐发生了变化，成绩自然也落后了很多。

还好，爸爸妈妈发现了文文的这种变化，多次和她促膝谈心。在爸爸妈

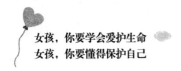
妈的开导和帮助下，文文明白了这种情感萌动是正常的，也懂得了如何处理这种感情，渐渐地她又露出了灿烂的笑容。

文文这个年龄的女孩，很容易对男生产生别样的情愫，这是十分自然和正常的，女孩们应该坦然去面对它，不必为此而感到烦恼和羞愧。

文文心中的爱情萌动，许多青春期的女孩都曾经感受过。这种爱情萌动一方面促使女孩不断丰富和发展自己的情感世界；另一方面也给她们平静的学习生活增添了一些困扰和烦恼。面对情感的变化，有的女孩不知所措，她们认为"爱情"影响了自己的学业，把自己变成了"坏女孩"，从而产生自责、忧郁、焦虑等负面情绪，甚至还会产生些许的负罪感。事实上，爱情萌动是青春期的象征，是这一年龄段女孩特有的一种情感体验，它是自然而然到来的，无须为此苦恼，更不必有负罪感。

但是，爱情萌动心理与成年人的爱情是不一样的，与早恋更是有本质上的不同，它是男女生之间相互吸引，真挚、纯洁的情感，对于女生的自我认知和人格完善都具有十分重要的推动作用。因此，如果你产生了这种情感，那就坦然面对它吧，千万不要被负面情绪左右！

女孩，看了前面这些，你是不是对青春期的爱情萌动有了一些新的认识？但是，当你真正面对这种情感的时候，可能还是会感到茫然无措。那么，究竟怎样做才是既积极又理性的呢？对于这个问题，你可以参考下面的建议。

1. 将情感转变为学习动力

青春期是学习的黄金时期，很多人认为这个时期的爱情萌动会影响学习。事实上，只要处理得当，这种情感不仅不会影响学习，反而会成为学习的动力。正如罗素在《我的信仰》中所说的，"高尚的生活是受爱的激励并由知识导引的生活"，只要你能以理性的思维摆脱负面困扰，以欣赏的眼光学习对方身上的优点，就能从中获得积极的力量，将对异性的爱慕之情转化为努力学习、自我进取、自我发展的强大动力。

2. 转移对情感的注意力

作为学生，你的生活环境比较狭窄、单一，在这种环境下，情感的波动和变化显得特别"令人瞩目"，很容易造成强烈的心理冲击。要想减小这种心理冲击，最好的办法是转移对情感的注意力。你可以积极地参加班级和学校的各种活动，比如文艺活动、体育活动、科技活动等，也可以广泛发展自己的兴趣爱好。总之，只要你把学习之外的精力和时间放在追求精神生活、丰富文化知识、强壮体魄上来，你的生活将会变得更加丰富多彩，情感上的困扰也就自然而然地消失了。

3. 开阔自己的眼界和胸襟

女孩，当你面对爱情萌动的时候，之所以会感到纠结痛苦，很重要的一个原因是你的阅历比较浅，胸襟不够开阔，对待感情问题容易偏执。对此，你不妨结交同龄的朋友，扩大自己的朋友圈子；与父母长辈沟通交流，汲取他们的人生经验；阅读各种有益的书籍，提高自己的思想境界；游览祖国的大好河山，拓宽自己的视野。通过这些有效的办法，你就能开阔自己的眼界和胸襟，走出情感的牛角尖。

女孩，青春期的爱情萌动是一种别样的人生体验，只要你正确、积极地去面对它，它就能成为美好的片段，永远留存在你的青春记忆之中。

把纯真的情感埋在心底

女孩，如果说青春是一首歌，那么早恋就是其中变奏和谐的音符，早恋的情网脆弱而纤细，沉迷其中常常会自食苦果。看看下面这个女孩吧，她的

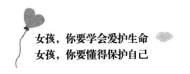

痛苦就是早恋造成的。

　　小欣和小峰是贵阳市某中学高三年级的学生，两人从初中起就是同学，有很多共同语言，经常在一起谈理想、谈人生，并讨论许多学习上的问题，相处得特别愉快。渐渐地，两个人的关系由正常的同学关系发展成了早恋。他们深陷这段感情无法自拔，彼此都深觉难舍难分，时常在课后、晚自习放学后亲密交谈，还会瞒着家长出去偷偷约会。转眼高三到了，同学们都如火如荼地在备战高考，小欣和小峰也相约为了高考互相约束，暂时不见面，一起努力学习。但过不了几天，小欣就难以克制对小峰的思念，总想给他发微信、打电话，情绪极不稳定，根本无法静心读书，整天迷迷糊糊的。结果，高考成绩下来，小欣落榜了。

　　落榜后的小欣心里很难过，她找到小峰寻求安慰。但是小峰却对她说，他的高考成绩也很不理想，父母知道了他和小欣的事情非常生气，逼他和小欣分手，没有办法，他只好和小欣分手。

　　在高考落榜和失恋的双重打击下，小欣感到痛苦至极，在父母的百般劝慰下，她才走出了阴霾，重拾学习的信心，复读一年后终于考上了理想的大学。

　　在这个案例中，小欣的行为是多么轻率和冲动！早恋看起来唯美、浪漫，但是它可能给女孩带来的不是幸福和欢乐，而是痛苦和烦恼！对异性产生感情不是错，但是像小欣这样在不成熟的季节表白，等待她的就会是苦涩的记忆。

　　女孩，虽然我们不能武断地说早恋对于青少年全无好处，但是总的来说还是弊大于利。正如苏联教育家贝拉·列昂尼多娃所说："早恋，是枚青苹果，谁摘了，谁就会尝到生活的酸涩，而尝不到熟果的甜蜜。"可见，早恋带给青少年的主要是危害，并且这种危害是显而易见的。

下面我们来看看，早恋对青少年究竟有哪些不良影响。

1. 影响学业

青少年时期是学习的黄金时期，应当勤奋努力、全力以赴。如果这个时期"恋爱"，必定会分散学习精力，耽误学习的大好时机，极有可能葬送自己的前途，待长大后回头看时，恐怕会追悔莫及。

2. 容易出现心理问题

青少年的身心比较脆弱，一旦被恋爱问题纠缠，很容易出现各种心理问题。比如早恋中的移情别恋、失恋等现象，一些女孩往往经受不住，造成心情抑郁、精神恍惚、整天萎靡不振，或闹出情感纠纷，有的甚至轻生，等等。这些都会影响一个人心理的正常发展。

3. 容易诱发犯罪

青少年涉世未深、阅历不足，做事往往感情大过理智。当理智的防线被冲动和轻率攻破时，很容易出现过激行为，从而走向违法犯罪。这会给"恋爱"双方造成极大的身心伤害，甚至会造成不可弥补的损失。

早恋是一种在成熟外衣掩盖下的幼稚化行为，真正理智的女孩不应该轻易涉足爱河，为自己稚嫩的心灵套上枷锁。

女孩，青春期的爱情萌动是正常的，你无须为此自责、羞愧，但是对于这种情感，你需要正确地面对和处理，不要让它过早地演变为"恋情"。以下这些要点供你参考：

1. 要以学业为重

女孩，正值青春的你朝气蓬勃、激情飞扬，心中充满了远大的理想和抱负。要想实现自己的理想抱负，最重要的就是以学业为重，心无旁骛、专心致志地刻苦学习，为将来打下坚实的基础。只要你专注于学习，那些情感纠结就会变得轻淡很多，你可以将情感珍藏在心中，待到人生新的阶段到来时再将它"变现"，到那时你不仅能品尝到爱情真正的甜美，更能拥有无悔的青春。

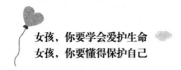

2. 要理智地面对情感

青春期的情感是不稳定的，它就像天空中的云彩变幻莫测，转瞬间会消失了踪影。因此，当你对异性的感情持续升温，甚至发热、发烫的时候，你一定要给它浇浇冷水，让感情重新回到理智的轨道上来。你不妨问问自己：我们的感情能持久吗？这种感情会对我们的前途有什么影响？俗话说，三思而后行，思虑过后再做选择，可能你就不会盲目地发展恋情了。

3. 要学会放弃

青春就像一列高速行驶的列车，目的地就是你心中的理想——也许是一所向往的大学，也许是一个喜欢的专业，也许是一份心仪的工作……沿途的风景很美，你可能情不自禁地想下车去看看，但是，你得拼命地忍住，因为那不是你要去的地方；如果你忍不住下去了，可能就会错过自己的列车，最终与理想失之交臂。所以女孩，纵然有眷恋的泪水，你也要学会放弃早恋的风景，不要让它阻挡你追逐理想的脚步。

"你曾对我说，青春是首歌……"女孩，远离早恋的旋涡吧，你的青春之歌将会更加舒缓和优美！

不要相信任何人的甜言蜜语

甜言蜜语常常会令女孩头脑发晕，从而做出不理智的行为，甚至还会将自己置于危险之中。下面这个案例，就很值得你引以为鉴。

15岁的小岚是葫芦岛市郊区某初中的学生。2016年5月，小岚通过社交软件认识了社会青年小刚，两个人聊了一段时间，彼此印象都不错，此后，两人时常视频谈心。小刚能言善辩，经常夸小岚长得漂亮、性格好，种种甜言蜜语哄得小岚心花怒放。小岚觉得小刚很喜欢自己，而自己对小刚也产生了不一样的感情。

11月25日下午，小刚提出和小岚见面，小岚满怀憧憬地答应了。小刚开车来到小岚家附近将她接走。车行至公路边一处偏僻草地处停下，小刚对小岚说："咱们下车聊会儿天。"小岚看周围环境偏僻，有些害怕，不太愿意下车。这时，小刚凶相毕露，将小岚强行拉下车，意图强奸。恰巧附近有行人经过，小岚大声呼救，小刚才吓得落荒而逃。

回到家后，小岚赶忙把这件事告诉了爸爸妈妈。在家长的陪同下，小岚来到公安局报案，警方很快就将犯罪嫌疑人小刚抓获了。

其实女孩都爱听甜言蜜语，这些悦耳动听的言语极大地满足了女孩的虚荣心，很容易让女孩飘飘然起来，放弃了本该有的警惕和戒心，案例中的小岚正是如此。俗话说："忠言逆耳利于行，良药苦口利于病。"真正的朋友会指出你的缺点和不足，促使你不断进步和前进，而不只是用"甜言蜜语"哄你开心。

女孩，孔子警告我们"巧言令色，鲜矣仁"，用现在的话说就是，那些善于说好话、用言语取悦别人的人，一般没有仁心。虽然不能一概而论，说他们品质不好，但是至少不够真诚。对于这样的人，你最好少与他们来往，特别是那些整天围着你转、恭维讨好你的男同学和男性朋友，你更要多加小心。

正常的异性交往和异性友谊是真挚、纯粹的，不应该掺杂着不恰当的言语。如果一个男生对你殷勤备至，不断地赞美你、恭维你，那么他与你交往的动机就很值得考量。一般来说，男生这样做很可能是对你产生了感情，试图用甜言蜜语来打动你，和你谈一场错误的恋爱；还有一种极其危险的情况，就是这个男生心怀不轨，他以甜言蜜语为诱饵，企图对你实施伤害，案

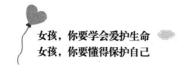

例中小岚的遭遇就是一个明显的例子。

女孩，远离那些甜美动听而饱含毒素的漂亮话吧。你应该注意以下这几点：

1. 结交朋友要谨慎

女孩，前面我们谈到过，结交朋友不能太随意，必须加以选择，结交异性朋友更应该谨慎。当你与男生发展友谊时，一定要仔细分辨对方的言行，弄清楚他究竟是想和你建立纯真的友谊，还是以"交朋友"为名别有所图。对于真心想和你结交成好朋友的男生，你当然可以交往，但是，对于动机不纯，满口"甜言蜜语"的男生你还是避而远之吧。特别是那些社会上的异性朋友，比如说男网友等，他们的人品、过往经历，你都不是很清楚，还是尽量不要和他们交往了。

2. 不断增强意志力

青春期的女孩意志力比较薄弱，把握不好自己，很容易被别人的甜言蜜语迷惑，做出令自己后悔的举动。因此，在平时的学习和生活中，你应该慢慢克服心理上的脆弱，不断增强自己的意志力。一方面，要多参加体育运动，通过登山、游泳等活动锻炼自己的意志；另一方面，要控制好自己的情感，遇到情感问题时冷静面对、理智处理，不要因一时冲动而落入对方编织的"情网"。

3. 学会拒绝异性的表白

女孩的情感是细腻、敏感的，对于异性火热、甜蜜的表白，可能你会感到忐忑、兴奋，"心中小鹿乱撞"，但是，在这个时候，你的头脑不能糊涂，一定要坚决、果断地拒绝对方，不要犹豫迟疑让对方心存幻想。当然，拒绝的态度是坚决的，语言却可以有技巧一些，不要太过生硬、激烈，防止对方在言语的刺激下做出伤害你的举动。如果你处理不好这样的情况，或者是对方反复纠缠你，你一定要告诉父母，他们会适时地介入，帮助你处理好这个问题。

别被所谓的爱情冲昏头脑

爱情是珍贵而美好的，但是，如果爱情的花朵过早绽放，那么它迎来的往往不是阳光雨露，而是寒霜的摧残。看看下面的案例吧，这两个中学生为了追求所谓的爱情，险些做出了傻事。

17岁男孩小陈和16岁女孩小张是沈阳市某县城中学的学生，由于青春期的萌动，小陈和小张在相识后逐渐互生好感，并确立了恋爱关系。两人"热恋"的消息很快传到了小张的父亲那里，小张的父亲既生气又着急，他严厉地训斥女儿，阻止她和小陈继续来往。小张认为父亲"棒打鸳鸯"，破坏了她和小陈的爱情，于是和小陈相约一同离家出走，去寻找心目中的二人世界。

两人来到一个小旅馆住下，本来想好好地享受你侬我侬的生活，可是过了几天他们手里就没什么钱了。两人自知没有出路，绝望之下决定自杀殉情。他们问旅馆的服务员在哪儿可以买到安眠药，这引起了服务员的警觉，服务员将这件事告诉了旅馆的老板。老板早就觉得这两个小情侣有些可疑，听了服务员的话迅速地报了警。

在警察的询问下，两个人说出了为爱出走的前后经过，警察根据他们提供的电话联系上了双方的父母。看着匆匆赶来，为他们担惊受怕的父母，小张和小陈都流下了羞愧的泪水。

小陈和小张为了所谓的爱情，选择离家出走，甚至想结束自己的生命，这种行为既幼稚又轻率！在不合适的年纪，过早地涉足爱情，结果往往就是伤害！若不是旅馆老板及时报警，恐怕他们的生命都会遇到危险！

女孩，你正处在青春追梦的年纪，在这个敏感而又缺乏清醒认识的阶

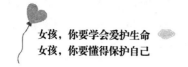
段，很容易坠入爱河，而且还可能越陷越深，甚至无法自拔，对爱的痴迷往往会让你们做出一些糊涂事，从而给自己的身心健康带来很大伤害。事实上，那些令人心动的良辰美景、花好月圆，不属于你们这个年纪，也未必是真正的爱情。

女孩，你知道爱情是什么吗？古往今来，多少文人墨客歌颂它、赞美它，给了它太多的诠释。总的来说，爱情的基本要义是关心和责任心，爱情不仅是索取，更多的是给予。美国耶鲁大学心理学家斯坦伯格认为：爱情是由激情、亲密和承诺三部分组成的。激情与生俱来，亲密是指心灵上的相互悦纳，而承诺是双方愿意对对方承担责任，并与对方保持恒久的关系。也就是说，亲密和承诺是一种后天培养的能力，它与一个人的心理成熟程度息息相关。

所以女孩，追求爱情，一定要在身心成熟之后。千万不要过早涉足爱情，更不要被所谓的爱情冲昏头脑！想要在爱情到来时保持理智，不被它弄得手足无措、晕头转向，你不妨听听以下几条建议。

1. 树立正确的爱情观

女孩，不知道你是否读过舒婷的《致橡树》？这首诗描述了爱情的真谛：爱情不只是花前月下、卿卿我我，更应该是志同道合、相互扶持、互相促进、共同成长。希望你能够像诗中所写的那样，树立起正确的爱情观，把对异性的爱慕之情转化为学习的动力，和心仪的男生一起努力、相互帮助，共同追求心中的理想。当你们理想实现的时候，再将心中珍藏的感情取出来，这时的爱情将会像美酒一般芬芳香醇。

2. 找到新的感情寄托

女孩，爱的含义是非常广泛的，而男女间的爱情只占了一席之地，爱自己、爱父母、爱朋友、爱师长……这些都属于爱的范畴。希望你不要纠结于男女之爱，而是要打开自己的心胸，将爱的阳光播撒到其他人身上，从而找到新的情感寄托。

除此之外，你还可以去关爱社会上的弱势群体，比如孤寡老人、残障儿童等，通过对他们献爱心来平复自己的心绪，找到情感的释放口，这样不仅能锻炼社交能力，也能扩大视野，将个人情感升华为高级的社会情感。

3. 将感情保持在友情的范围内

女孩，你这个年纪的爱情往往是由友情演变而来的，它虽然包含一些爱的成分，但是可能更多的是友情。所以，当你与男生互生爱慕的时候，不妨与他"约法三章"，两个人约好以学习为重，不要突破好朋友的界限，等学业有成的时候再去谈论感情。如此一来，这种情感的萌动不仅不会影响你们的学习，反而会成为你们前进的动力。总之，希望你面对爱情的时候，能够冷静而克制，最终将爱情保持在友情的范围内。

减少单独与男同学接触

正常的异性交往是青春期少男少女走向成熟的必然经历，但是，作为女孩，与男生交往时一定要多加注意方式方法，最好少与之单独相处。看看下面的案例，你就会明白这个问题的重要性。

小珺和小宇是湛江某中学初二年级的学生。小珺学习成绩优异，是班里的学习委员，而小宇则比较顽皮，学习成绩不尽如人意。初二下学期，为了提高班级的学习成绩，班主任老师组织了"一帮一、一对红"活动，小宇成为小珺的"帮助对象"。在小珺的帮助下，小宇的学习成绩有了提高，两个人也渐渐变成了好朋友。

前些日子，小宇打篮球扭伤了脚，在家里休息。为了保证小宇的学习不

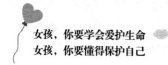

受影响，小珺每天都用手机给他发作业。这天，小宇给小珺打电话，说自己有很多题目不会做，希望小珺能到他家来为他补课。小珺没有多想，就欣然答应了。

到了小宇家，小珺发现小宇的爸爸妈妈都不在，家里只有他一个人。小宇热情地招呼小珺进来坐，又拿出题目来向她请教。小珺拿着题目认真讲了起来，讲着讲着，忽然发觉小宇抓住了自己的手。小宇对小珺说，自己喜欢她好长时间了，今天终于有机会向她表白，希望小珺能做自己的女朋友。小珺被小宇的"深情告白"吓坏了，她连忙说道："你弄错了，我只是把你当成好朋友！"说着，慌忙跑了出去。

女孩，对于你来说，与男生的交往和友谊，是一种合理的需要，它既能满足青春期生理发育和心理发展的需求，也有助于双方互相学习，克服自身的缺点和不足。但是，与男生交往一定要保持距离，特别要注意单独相处的问题。虽然不能说与男生单独相处一定会发生什么事情，但是这种行为总归是不谨慎的。

小珺遇到的事情，可能其他女孩也遇到过。青春期的男生、女生之间容易产生微妙的情感变化，这种情感变化在单独相处的环境下，极易演变为剧烈的"化学反应"，结果可能是像小珺这样的难堪，也有可能是更严重的。若是男生居心不良、心怀不轨，那么女孩恐怕就会处于危险之中了。因此，女孩应该减少单独与异性同学接触的机会，这样才能更好地处理与男生之间的关系，也才能更好地保护自己。

在这里，我们想给你一些建议：

1. 谨慎对待男生的邀请

女孩，在与男生相处的过程中，你免不了会受到男生的邀请。比如，一起参加课外活动，放学后一起回家，邀请你到他家里做客，等等。遇到这种情况，你不要不假思索欣然答应，最好问清楚有没有同学或家长在场。如果他对你发出的是单独邀请，没其他人在场，那么还是能拒绝就拒绝吧，虽然不能说他的动机一定有问题，但是这种邀请本身就是不太妥当的。当然，拒绝的方式可以委婉一些，原则上不要伤害同学之间的感情，若是遇到特殊情况也不妨向老师和家长寻求帮助。

2. 多与男生在集体中交往

多参加集体活动，对于减少异性同学之间的单独接触是十分有好处的。集体活动能够为你们提供充实的文化生活，也能为你们提供与异性同学交往的正常渠道，既可以满足正常的异性交往需求，也可以扩大交往面，避免个别异性同学之间交往过密。此外，丰富多彩的集体活动还可以创设宽松的环境、温馨的氛围，激发异性同学间的相互竞争与共同进步，从而把异性同学之间的吸引力转化成奋发向上的学习动力，帮助你们健康成长。

3. 与男生单独相处要保持警觉

尽管我们建议你减少与男生单独相处的机会，但是在校园生活中，完全避免这种情况也是不大现实的。比如，在老师的安排下男女生两个人一起做值日，或是从事班级活动，等等。那么，在与男生单独相处的时候，你最好注意分寸，保持警觉，这种警觉并不是出于对对方的不信任，而是为了保护好自己。一旦对方发出危险的情感信号，比如暧昧、挑逗、告白，甚至动手动脚等，你应该警觉地及时发现，然后果断拒绝，及时离开。

女孩，青春期是一个特殊而又敏感的时期，异性同学之间的交往既重要，又容易出现问题。希望你与男生交往时保持分寸，尽量减少与男生的单独相处，从而平稳顺利地度过美好的青春时期。

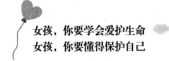
别和老师"谈恋爱"

在校园生活中，你除了和同学朝夕相处，接触最多的就是老师。许多男老师是十分优秀的，他们学识渊博、儒雅风趣，对待学生也很耐心负责。在许多女孩的心目中，男老师占据着一个特殊的位置。女孩们往往会因为崇拜而对他们产生特殊的情感，这种特殊的感情在心中悄然滋长，很可能会演变为恋情。女孩心中想象的"师生恋"看似浪漫唯美，但往往会对自己产生不良影响。

小涵是苏南某中学高二年级的学生，她班上的语文老师是刚从名牌大学毕业的高才生。这位语文老师不仅长得高大英俊，而且学识渊博、谈吐风趣，讲起课来声情并茂，深受同学们的喜欢。小涵也被这位老师深深地吸引了，语文成绩飞速提高，一下子跃到班级前列。

后来，小涵发现，语文老师和她有相同的爱好——喜欢写诗。于是，在课余时间，小涵悄悄拿起笔来写了几首小诗，然后拿着自己的习作怯生生地向语文老师请教。谁知他竟像朋友一样和小涵讨论文学、漫谈人生，两人越谈越投机。从那以后，小涵经常和语文老师聊天，渐渐地，她对老师产生了不同寻常的感情。

在感情的驱使下，小涵决定向老师表白。她趁着送语文作业的机会，悄悄递给老师一张纸条，上面写着"老师，我喜欢你"。纸条送出后，小涵的心怦怦乱跳，感到十分惶惑不安。第二天，小涵取回了作业本，发现里面夹着老师的回信。老师在信中委婉地拒绝了小涵，又劝说她以学业为重，耐心等待真正的爱情到来。

看了老师的回信，小涵既感到惭愧，又有些伤心。她认真思考了几天，决定听从老师的劝导，不能一错再错。于是，她斩断了对老师的情思，全力投入到学习之中，后来在高考中取得了优异的成绩。

小涵因崇拜老师而对他产生倾慕之情，这是许多青春期少女都曾有过的感情经历。在这种情况下，最重要的是用理智控制好自己的情感，不要被冲昏了头脑！

师生之间的情谊是真诚、纯洁而美好的，小涵的行为差点儿破坏了这份纯洁与美好。幸好她的老师坚守住了教师的职业道德，还给她做出了正确的引导；而小涵也是一个很棒的女孩，她虽然一时被感情迷惑，但是在老师的劝说下，还是及时克制住了自己的感情，保留住了这份美好。所以女孩，在与男老师相处时，一定不要越界。

老师和学生的年龄、阅历、经验、身份存在着巨大的差异，通常很难发展为正常的恋爱关系。有的女孩因为暗恋自己的老师而分散精力、荒废学业；有的女孩甚至成了老师家庭的"第三者"，承受着来自各方的谴责；还有的女孩被心术不正、行为不轨的老师玩弄……凡此种种，警示女孩子们：师生恋不靠谱——千万别和老师"谈恋爱"。

女孩，面对心中崇敬的老师，如何才能把握好感情，保留住美好的师生情谊呢？

1. 不要被文艺作品误导

一些文艺作品过于强调爱情的权利和师生恋的美好，却没有强调爱的责任和义务，致使许多女孩沉迷于曲折、浪漫、轰轰烈烈的师生苦恋不能自拔。但是，日子不是凭感情过的，师生之间的恋情有违伦理道德，很难被社会大众认可，也很难得到亲友的祝福，到头来对女孩往往会造成伤害。

2. 与男老师相处要保持距离

要想避免师生恋的发生，女孩平时与男老师相处时就要保持距离，不要过从甚密。也许老师与你年纪相仿，也许老师与你兴趣相投，你可能当他是兄长、是朋友，但是不要忘记，老师总归是老师，你们之间隔着师道尊严，在老师面前一定要保持分寸。在与男老师相处时，你的衣着和言谈举止要大方、稳重、得体。不要穿暴露的衣服，也不要开过分的玩笑，更不要有亲昵的动作，并且尽量避免与男老师单独相处。只要与男老师保持安全、适度的距离，就会大大减少师生恋发生的可能性。

3. 当断则断，学会放弃

人生中有很多美好的东西，我们未必都要拥有，有时必须要学会放弃。师生之间的恋情是美好的，甚至是迷人的，但它缺少责任与道义的考虑，很可能会带来痛苦和遗憾。如果你对老师动了心，投入了感情，希望你能够理智起来，好好想想对不对、该不该，然后果断地放弃这段感情。也许放弃会让你一时伤心难过，但是，从现实来看，无论是对你还是对老师都是最好的选择。要知道，放弃也是一种爱，它会使你的人生更加美好和丰富，也会使你的人格更加成熟和闪光。

女孩，青春是人生的关键时期，绝不该被恋情困扰。即便产生了师生恋情，也应该埋在心底，珍藏起来。等到你真正成熟、懂得爱的时候，再来重新审视这段感情，这样才会终生无悔！

第六章

正确对待性萌动，
不要偷尝禁果

　　性和爱情一样是人类永恒的主题，且主宰着人类的繁衍生息，它神秘又充满诱惑。如果说青春期的爱情像一枚青苹果，那么青春期的性更像是一枚禁果，它不仅苦涩无比，而且如果你过早地偷吃它，还可能会遭受惩罚。所以女孩，这一时期你要抵制住诱惑，任何情况下都不要偷吃禁果，等到果子成熟时再去享受它的甜蜜吧！

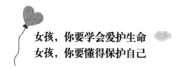

不要轻易献出自己的童贞

人的一生，难免会犯错。有些错可以弥补，可以挽回，或本身无关紧要，可以不予理会。但是有些错，难以弥补，可能会影响我们一辈子，青春期偷吃禁果便是这样。下面是一个早恋女孩的日记，记录的是她与男朋友过早发生性关系的苦涩经历。

我14岁那年早恋了。他比我高一年级，长得很高很帅，篮球打得也很棒。情人节那天，我们一起看了场电影。散场后我想回家，但他执意不肯，然后直接拉着我去宾馆。

在宾馆房间里，他开始变得不安分了，先是抱住我，开始亲我，甚至摸我。我有些急了，就用力将他推开了，并且严肃地说："你要是再这样，我就回去了。"

随后，他没有再动，但是很快又凑到我身边，告诉我，他希望他是我生命中的第一个男人，同时也会是最后一个，他会对我负责的。听了他的话，我有点儿感动，于是在情人节那天，我做了一件绝对不该做，而且令我后悔万分的事情……

回到家时，已经很晚了。我对父母撒谎说，自己在外面和一帮同学吃饭，所以才回家晚了。当我看到父母怀疑的目光时，心里既感到有些愧疚，又感到一丝难受。但是，更令我难受的事情还在后面，过了一段时间，我居然被查出怀孕了……

　　比怀孕更让我痛心的是，当我把这个消息告诉他时，他居然态度冷淡地让我去找我妈处理。无奈，我只好把这件事告诉了妈妈，妈妈陪我去医院做了人流。在做完人流之后的那段时间，我根本没有心情听课，上课经常溜号，功课也落下了很多。人也变得忧郁起来，从前那个爱说笑的我，不见了。甚至，我还觉得，自己已经没有将来了。妈妈为了我的事也气病了，血压升高了很多，每天都要吃药。至于那个男孩，我现在再也不想见到他了。很快，家里就帮我申请了转学。但是，那一次的冲动，可能会是我一辈子的阴影！它让我感到迷茫、害怕、不知所措，找不到生命的方向。

　　十四五岁正值青春年少，应该带着对未来的美好憧憬去努力学习知识。可是这个女孩为了所谓的"爱情"，在甜言蜜语的诱惑下，竟然过早地献出了自己宝贵的童贞，让自己的青春陷入灰暗和迷茫，这是何等悲哀的事情啊！

　　看到这样的例子，你是否也会为这个女孩感到惋惜和痛心？童贞，对于女孩来讲，这辈子有且只有一次，它对女孩子来讲是非常重要的，任何情况下都不要轻易地献出自己宝贵的第一次，这是对自己身心健康最好的守护，也是对自身成长和家人殷切期望的负责。

　　那么，如何守住自己最后的防线，有效地保护自己呢？在这里我们提供几条建议：

1. 你改变不了环境，但是你可以守住自己的底线

　　守住贞操，即守住了情感的底线，不要被他人的花言巧语迷惑。因为把性当成感情的全部，是最经不起时间考验的。那不过是一时的心血来潮，没有人会对它持久负责。一旦感官上的享受感和刺激感消失之后，又会形成新一轮的空虚。当你无法填补对方的空虚时，旧日的亲密关系就很难重建，于是，从当初"亲密"走向如今的"疏离"也就成了"感情"规律发展的必然。

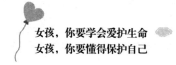
2. 交付童贞，并不能让你迎来爱情

爱情是神圣的，不容玷污的。但是，很多青春期的女孩抑制不住躁动的心，以谈恋爱为借口，来打发无聊、寂寞的时光。女孩，如果你不了解男生追求女生背后的动机，盲目地接受对方的追求，很容易引火烧身。有一些男孩爱慕虚荣，专门追求长相出众、活泼开朗的女孩，换来身边朋友的赞叹。他们抱着玩一玩的心理，追求刺激，根本目的就是占有女生的肉体。在他们的眼里，爱情不再是神圣的，而就像在路边摊随便吃东西，爱情变成了即时的消费，唾手可得。对于这样的他们，如果你轻易地献出第一次，可能会让对方觉得你太轻浮，认为你是个随便的女孩，从而看低你。

3. 底线一旦突破，会带来更多意想不到的后果

童贞是心理和身体的最后一道防线，一旦突破，心理和身体的防线就很容易崩溃，这样有可能带来更多意想不到的后果。这是因为当男生尝试了性的滋味之后，就忘记谈情说爱的重要性了。每次见面，就只想着发生性关系，一点儿情感的空间都留不住。所以女孩，别以为性爱一定能够增加感情，那只是你单纯的想法。

轻易献出童贞，还有意外怀孕的风险，那会增加你的心理负担，甚至会危害身体。所以，为了自己的身心健康和美好未来，一定要坚守住自己的底线。

爱情不需要性关系来证明

有位思想家曾说："真正的爱情，是表现在恋人对他的偶像采取含蓄、谦恭甚至羞涩的态度，而绝不是表现在随意流露热情和过早的亲昵。"因

此，在对待青春期所谓的爱情上，女孩一定要牢记：所谓的爱情，是不需要性关系来证明的。

一个14岁的女孩谈恋爱了，并和男友发生了性关系，父母毫不知情。直到有一天得知女孩怀孕，父母才震惊不已，并带女孩去医院做了流产。接下来的一段时间里，女孩的身体渐渐恢复了健康，但却留下了心理阴影，妈妈又带女孩去看心理医生。

心理医生问女孩："你年纪这么小，为什么答应和男孩子发生性关系？"女孩怯怯地说："他很喜欢我，对我很好，平时对我很照顾，我也很爱他。"

心理医生点了点头，接着问道："他对你好，就值得你为他付出身体的代价吗？"

女孩顿了顿说："起初我是不同意他那样做的，可是我拒绝他，他就很不高兴，还说我不爱他，就这样我们有了第一次，又有了第二次……"

心理医生反问女孩："你答应了他的非分要求后，他是否更爱你了呢？"

女孩低下了头，说道："起初他是对我更好了一些，可是后来渐渐就平淡了，反而不像以前那么关心我了，直到后来我怀孕了，他甚至还有些不耐烦……"

女孩说到这里，已经泪水涟涟了，一旁的妈妈赶忙为女儿擦泪。

女孩，当看到这个案例时，你有什么感触呢？你是否认为青春期的爱情一定要通过性关系来证明呢？不管你怎么看，我们还是要奉劝你：青春期女孩不应该承受"性行为"带来的伤害，而爱情也绝不是建立在"性"的基础之上的，无须用什么"性关系"去证明。

也许在你眼中，爱情就像一束艳丽的玫瑰，既芳香又迷人，可是却往往

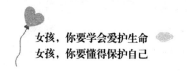
会忘了花枝上还布满了密密麻麻的刺；忘记了爱情虽然美丽，却有时也会伤人。爱的方式有很多种，但从"爱"到"性"，绝不是你这个年龄所能承担得起的。因此，当你还不到尝试这些的时候，一定要学会保护自己，当面对你所不能承担的事情时，要坚决说"不"。具体而言，你可以参考以下几点来保护自己：

1. 委婉拒绝对方的性要求，不要与对方有过于亲密的行为

如果真的早恋了，那么也要保持应有的底线，无论什么情况下都不要早早地与对方发生性关系，更不要试图用性关系来证明所谓的爱情。因为这种事情并不能帮助你留住青春期的爱情，有时候甚至会让你远离爱情。当对方提出这类要求时，你一定要委婉地拒绝。

另外，为了避免引起男孩的性冲动，女孩应该避免与对方有过于亲密的行为，把握好与对方交往的尺度和距离，是有效保护自己的前提。

2. 如果对方强求，一定要想办法远离他，或终止与他交往

有的男孩借恋爱之名想要占有女孩的身体，甚至会强迫女孩与他发生性关系。面对这样的男孩，你一定要想办法远离他，必要的时候在能够保证自身安全的情况下可以大声呼救，迫使对方放弃侵害你。当然，脱离危险后，对于这样的男孩，事后最好终止与他交往，以免他再次伤害你。

3. 一定要明白，过早的性行为会给身心带来严重创伤

（1）会对女孩的身体造成很大的危害

青春期的女孩如果过早地发生性行为，会对自身的健康造成危害。这是因为女孩的生殖系统尚未发育成熟，并且双方都缺乏一定的卫生常识，这时的性行为可能导致女孩阴道损伤或者泌尿系统感染。

（2）可能会导致女孩怀孕

女孩在月经来潮之后，卵巢就开始排卵。如果在发生性行为时没有采取有效的避孕措施，就极有可能造成女孩怀孕。一旦怀孕，很多女孩会选择偷偷流产。人工流产不仅会对女孩的身体不利，而且还会引发感染、出血、子宫穿孔、习惯性流产以及不孕等一系列并发症。

（3）会对女孩的心理造成很大的危害

青春期的女孩如果过早地发生性行为，可能会严重地影响心理健康。这是因为，青春期的性行为大多在偷偷摸摸的状态下进行，双方都缺乏必要的心理准备，会导致心理过度紧张和兴奋。因此，女孩往往会因害怕被家长、老师发现而产生恐惧感、负罪感，从而留下心理阴影，甚至会由此产生厌恶男子、厌恶性生活、性欲减退等很多心理问题。

（4）会对女孩的学习造成很大的影响

青春期的女生，正经历着人生中最重要的学习阶段，如果在这个时期追求性方面的刺激，那么注意力自然就会转移，从而影响到学业。更有甚者，还会沉迷于其中不能自拔，导致学业一败涂地。

总之，聪明的女孩要懂得，青春期的爱情是不需要"以身相许"的。无论恋爱进行到怎样如胶似漆的程度，女孩的身体，始终是自己最后的防线。

如何正确对待各种媒体上的"性"信息

当今社会，网络、电视、电影、小说、报刊等各类媒体上的性信息很多，女孩想让自己"一尘不染"，早已不现实了。我们先来看下面的情景。

"妈妈，他们怎么不穿衣服抱在一起呢？"8岁的晨晨，偶然间在电视上看到这个画面后感到十分好奇。

9岁的瑶瑶不解地问道："妈妈，'做爱'是什么意思？为什么做爱会怀孕，怀孕就要人流呢？"原来，她是从网上看到这些信息的。

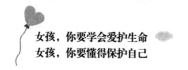

10岁的女孩雯雯注意到当地晚报上刊登的一则新闻，她疑惑地问妈妈："妈妈，报纸上说的'男根'是什么东西啊？那个女人，怎么把她老公的'男根'剪掉了呢？"

11岁的丹丹在放学回家的路上，看到电线杆上粘贴的小广告上有一张美女图片，上面还很醒目地写着三个字"包小姐"，下方还留有电话号码。她回到家后问妈妈："妈妈，'包小姐'是干什么的？怎么电线杆上总是贴她的图片？"妈妈听了有点儿头脑发涨，不知该如何回答女儿，就告诉她，小孩子不要关注那些东西。可谁知道仅仅过了几天，女儿就把"答案"告诉了妈妈，说是从同学那里听到的。

就像案例中提到的这些一样，当你从媒体上听到或看到这些与性有关的信息时，心里是否也会感到好奇，从而追根问底呢？当今社会是信息社会，各种信息日新月异，让人眼花缭乱。这些信息中有好的信息，也有不好的信息。面对那些不好的、污染人们视线的信息，父母和老师无法捂住你的眼睛，他们能教你的就是自觉抵制那些不良信息。当然，在这些性信息中，也有一些正当的性信息，比如性教育教材、图画，正规医疗卫生机构张贴的生理、卫生、健康方面的宣传画等。

那么，如何去鉴别那些有益的性信息，自觉抵制那些不良的性信息呢？我们为你提供了一些方法，不妨参考一下。

1. 学会鉴别不良的性信息

现代的社会生活中到处充斥着各种各样的性信息，这些性信息多数是对孩子无益的。前面提到，对孩子而言，正当的性信息主要包括一些性教育教材、图画或者医院等正规医疗卫生机构张贴的生理、卫生、健康方面的宣传画等。一些不良的性信息主要来源于不良的网站、非法小广告、成人娱乐场所等。另外，一些"成人信息"或"成人用品"方面的信息主要是对大人们而发布的，这些信息对孩子而言也无益。

2. 自觉抵制不良性信息，不要对不良性信息抱有好奇心理

女孩，了解了什么是不良的性信息，就要自觉抵制这些不良的性信息。比如，对于一些不良网站或非法医疗机构的小广告、街头小广告等要坚决抵制，不听、不问、不传播。对于一些成人娱乐场所一定要远离，对于一些"成人信息"一定不要抱有好奇心理，那是属于大人们的"领地"，与你这个年龄的孩子无关。如果实在对一些生理知识感兴趣，那就要通过正规的渠道来了解。

3. 通过正规渠道了解性知识

女孩，性方面的知识也是一种科学知识，你有权利去了解、去学习，但要通过正规的渠道和途径。比如，通过生理卫生课堂上老师的讲解，通过一些适合青少年阅读的正规的性教育出版物，或者与妈妈探讨，等等。通过正规渠道了解性生理、心理卫生知识，可以帮助你做到自我保护、自我保健和自我预防。

拒绝看色情影视和书刊图片

如今社会上的各种色情信息、黄色诱惑，常常在人们毫无防备的状态下映入眼帘。女孩，像你这样懵懂的青春期女孩就更容易受到它们的影响。因此，当你接触到色情影视和黄色书刊时，一定要拒绝它们的诱惑。我们先来看看下面的案例。

有一次，妈妈帮女儿小齐收拾房间，发现她的被子下藏了几本书，拿起来一看，居然是几本色情小说。妈妈一下愣住了，在她眼里女儿一直是乖乖

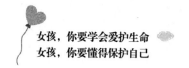
女，从来没让他们操过心。但女儿毕竟15岁了，是个大姑娘了。妈妈准备等女儿回来后和她深谈一次。

吃过晚饭，妈妈来到小齐的房间，母女俩经过耐心的交流，小齐向妈妈说出了自己心中的困惑和烦恼。原来，自从小齐上了高中后，就感到学习压力特别大，她总是被压抑、空虚和烦躁笼罩着。同时，青春期的欲望也像一团火一样折磨着她，让她不能安心学习。后来，她听说班里很多同学都在传阅几本色情小说，于是自己就借来偷偷看……

小齐说到这里有点儿害羞，她不好意思地问道："妈妈，难道我学坏了吗？怎么最近老是想着那些事呢？"

妈妈听了，认真地对小齐说："女儿，你长大了，到了青春期，出现性欲望或性冲动其实是很正常的一件事。你的这种经历，我年轻时也有过。青春期对一些性知识有着急切了解的渴望是正常的，但色情小说中的内容会有很多误导，你还小，还无法辨别，因此以你现在的年龄不宜看这些色情小说。以后，在这方面有什么疑惑我们可以好好聊聊天，你看怎么样？"

小齐听到妈妈这样说，脸上立刻露出了笑容，心情也放松了。第二天，妈妈还特意去了书店，给小齐买了几本有关青春期女孩生理卫生方面的书。

看了上面的例子你有什么感想呢？这些色情书刊内容低俗，只会给你们带来一种劣质的感官刺激，污秽你们纯洁的心灵，甚至传递一种扭曲的爱情观、价值观和人生观。

女孩，像你这样的青春期女孩，缺乏足够的免疫力和抵抗力，很容易被这些文化垃圾诱惑，甚至导致沉溺于此而不能自拔。因此，我们给出以下几点建议：

1. 与不良媒体直接划清界限，不打开、不浏览、不传播

青春期的少女身心正处在发育中，对事物的辨别能力也比较弱，但强烈

好奇心的驱使、内在需要和外界刺激的多重作用，往往会使你们从好奇、关注发展到主动欣赏，体验朦胧性意识的勃发，这对你们的身心健康成长是不利的。因此，女孩与不良媒体直接划清界限乃是最佳选择，在收到别人发来的不明、不良链接时，坚决不打开、不浏览、不传播。

2. 不要浏览黄色网站，拒绝观看色情电影和视频

女孩，你在使用网络时，不要浏览一些黄色网站，或者观看一些色情影视作品，以防受到黄毒侵害。必要时可以安装一些绿色上网软件，通过设置网址黑名单和关键字两种方式来过滤不良网站或普通网站中的不良信息，创造一个绿色、健康的上网环境。此外，你在上网时若遇到一些不良的网站，还可以向网络监管部门举报，来让更多的青少年免于受到黄毒的侵害。

3. 正确对待优秀爱情文艺作品中的性描写

对于正处于青春期的女孩而言，欣赏言情小说、爱情诗歌、爱情电影和爱情歌曲再正常不过了。这类作品中可能会存在一些性描写，这种情况下就需要对描写爱情的文艺作品具备一定的分析能力和鉴别能力，要学会运用正确的眼光来吸收爱情作品中的营养。否则，即便是一些优秀的文艺作品，如果不能用正确的思想去阅读，也会产生不良后果。当然，对于那些用赤裸露骨的男欢女爱、令人血脉偾张的视觉激荡，来满足个人低级趣味的作品，一定要坚决抵制。

女孩，你的成长具有不可逆性，淫秽色情信息一旦真正进入你的心里，是很难被剔除的，不仅会导致你的世界观、人生观发生很大的改变，甚至会导致你道德滑坡、心理畸形、生活颓废等。所以，你要坚决抵制黄色小说、黄色影视等淫秽色情信息或内容。

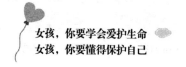

不崇尚所谓的性自由

女孩，当你进入到青春期后，就迎来了生长发育的黄金时期，不但身体发生了很大变化，心理上也开始荡起涟漪。于是，你会逐渐萌生出性欲望和性冲动，但无论身体和心理发生什么样的变化，你一定要注重传统的伦理道德，千万不要崇尚所谓的性自由。

我们先来看下面一个崇尚性自由女孩的日记，希望对你能够有所启示。

上小学时，我特别喜欢偷看一些只有大人才看的与性有关的书，在懵懵懂懂的同时也知道了女孩的贞操很重要，女孩不能随随便便发生性行为。但这个想法只保留到初二。

初二时我认识了好友雯雯，她是从其他学校转过来的，分班时碰巧成了我的同桌。她比我大一岁，但她对性方面的了解程度令我吃惊。雯雯说，找人做爱就是为了自己快乐。所以，她的性行为很随意，而且有很多性伙伴。每当她把她的性经历讲给我时，我都听得特别入迷。

后来，听得多了，我也想像她那样去尝试了。于是，我就把之前那些传统的想法全抛到一边去了。我14岁时交了第一个男朋友，并且很自然地和他发生了第一次性关系，之后就有了第二次、第三次……我索性就把一切都看开了，即完全放开我的性观念，好像什么都无所谓了。

与第一个男朋友的关系持续了不到半年，至于第二个男友，只持续了三个月……就这样，我不断变换男友和性伙伴，但也导致我多次怀孕，多次流产。有一次，给我做人流手术的医生在手术后劝我要小心，并给我讲了一些流产、刮宫的危害。但我根本不在乎这些，因为我追求的是性自由！就算打胎也没什么可怕的，还是快乐更重要。

后来，我再一次流产了，医生说我患上了子宫肌瘤，而且非常严重，最终我的子宫不得不被切除了，以后我再也不能做母亲了……

女孩，案例中的女孩和她好友所崇尚的"性自由"，你知道是怎么一回事吗？你觉得这个女孩真的能承受她不计后果的放纵行为所带来的痛苦吗？

实际上，这个女孩脑子里充斥的"性自由"是一种扭曲的价值观，它最早源于20世纪60年代的美国，它抛弃了对性行为的社会制约，否定了传统性道德的合理内容，并且让"性自由"成为一部分人性生活泛滥的借口。

可结果呢？在美国性自由盛行的1960年至1980年的20年时间里，这种所谓的自由导致了众多家庭解体，离婚率猛增，青少年性犯罪数量激增，未婚生育的母亲和孩子大量增加。同时，更为严重的是造成了性病和艾滋病在美国乃至西方社会的肆意蔓延。

当时美国有关部门调查显示：在16岁青少年中已有2/3的人有过性行为；平均每天有2000名少女怀孕，其中一半做了人工流产，另一半选择做了"少女妈妈"；平均1/3的新生儿是未婚妈妈所生，并且有25%的新生儿生活在单亲家庭中；在艾滋病患者中，青少年的比例占到了20%以上。

我们从这些数据中可以看出，当时美国社会所崇尚的"性自由"，给整个社会带来了巨大的危害。但要消除"性自由"所带来的消极后果，却需要花费很长的时间。

所以女孩，我们必须吸取这样的经验教训，绝对不能将西方文化中应该被丢弃的垃圾当作放纵欲望的借口，因为这对于每一个家庭和每一个女孩来说，都可能是一场灾难性的后果。下面，我们再回过头来认识一下本节前面提到的性伦理道德。

1. 性道德是人类调整两性性行为的社会规范

性道德包括三个范畴：爱情观、贞操观和生育观。我们的一生会经历恋爱、结婚、生育和抚养后代这几个阶段。在这个漫长阶段中，我们需要用性道德来维护家庭、忠于配偶、繁衍后代以及白头偕老。因此，我们需要恪守

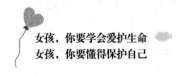
必要的行为规范，并时刻告诫自己遵守这两点：只有建立在爱情基础上的性行为，才能达到精神和肉体的和谐统一；发生性行为的双方必须对产生的后果负责。

2. 性伦理是性道德的升华，也是一种性行为规范

性伦理实际上是性道德的一种升华，并把情感、理智与性爱结合起来，这样的性伦理观使人变得崇高、积极、振奋，而不是变得卑微、自私、猥琐。其行为规范就像婴儿床上的护栏或高架桥上的栏杆一样，是为了维护我们的安全所设立，同时又是我们立身为人所要遵循的"道"。举例来说，驾驶汽车只有遵守相关交通规则才会安全。否则，如果驾驶员都崇尚所谓的"自由自在"，不遵守交通规则任意而行，那么就会导致严重的后果。

总之，任何所谓的"性自由"都是有限度的，任何打着追求"性自由"旗号的放纵都是不负责任的。女孩，这个道理你一定要记牢。

一旦受到性侵害怎么办

女孩的成长过程是一个不断蜕变的过程，就像一条小毛毛虫蜕变成一只美丽的蝴蝶，会让人感到惊艳，也会让自己感到快乐。在这个过程中，父母又不免会有一丝担心，担心你在成长的过程中受到伤害。在各种伤害中，父母最担心的就是你的生命安全和性伤害了。女孩，如果不幸遭到性侵害，一定要及时告诉父母或报警，千万不要像下面案例中的女孩那样，受到了性侵害却不敢说出来。

苏州市人民法院曾判处了一起案件，案件的原委是这样的：

小蕾是一名六年级的小学生，案发时只有12岁。她的父母经常加班，甚至连晚饭都没有时间陪孩子一起吃。小蕾有一个很要好的同班同学叫小梅，小蕾空闲时经常去小梅家玩，因为在小梅家既可以看电视，也可以上网玩游戏。

暑假到了，小蕾更是每天都跑到小梅家玩。在这期间，小梅的爸爸谭某经常选择小梅妈妈不在家时借故支开自己女儿，然后对小蕾"动手动脚"。小蕾虽然知道自己受到了伤害，但她特别害怕父母知道了会打骂自己，所以回到家后就选择了隐忍不说。结果，小蕾在小梅家中被谭某多次侵犯。

直到有一天，妈妈一句埋怨她的话，才最终揭开了这个秘密。原来，妈妈见小蕾总是在小梅家玩，就指责她说："你怎么老是去小梅家玩啊？难道人家父母不烦吗？"

小蕾面对妈妈的埋怨脱口而出："哼！谁稀罕呢？你都不知道她爸爸都对我做了什么！"妈妈听了女儿的话大吃一惊，随后她一再追问，小蕾才说出了在小梅家经常被谭某"摸"的实情。小蕾父母立刻选择了报警，他们还向小蕾怒吼："发生了这么大的事情，你为什么不早告诉我们？"

小蕾低下头，哆哆嗦嗦地回答："我，我怕你们知道了打我，就没敢告诉你们。"可小蕾的话音未落，只见小蕾爸爸的巴掌就到了……

从这个案例中可以看出，小蕾的父母平时对孩子疏于管教，还经常对小蕾使用暴力，使得小蕾在自身受到伤害的情况下，不敢对自己的父母说出实话。而之所以会造成这么严重的后果，一方面是由于家长放任孩子，并且缺乏与孩子的有效沟通而导致了沟通障碍；另一方面，则是因为孩子缺乏自我保护意识以及自我保护的相关知识。

众所周知，女性相对于男性在身体方面始终处于弱势，导致她们在成长过程中容易遭受男性不同程度甚至是不同方式的性侵害。尤其是近年来，国内不断曝光女孩被性侵害的恶性案件，更是说明了这一点。

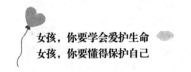
例如，有关部门调查显示，2016年被公开报道的性侵儿童（14岁以下）案件共有433起，778名儿童受害，其中719人为女童，占92%，并以7至14岁的中小学生居多。尽管法律对此类案件的惩罚力度不断加大，民间舆论也是义愤填膺，但性侵害案件却未能得到有效遏制。

据了解，性侵害女孩的案件大多数是"熟人作案"，犯罪人是受害者的老师、邻居、亲属或父母的朋友等。不少女孩在遭受性侵害后，选择默默忍受，不愿意主动告诉父母，直至被发现。

那么，女孩应该如何避免受到性侵害呢？下面给出几点建议：

1. 穿着得体，远离是非之地

在真实的案件中，一些打扮得花枝招展，即衣着过于暴露、行为轻浮的女孩，很容易成为被性侵害的目标。此外，人员稀少、灯光昏暗之处也是性侵害案件的高发区。因此，女孩要穿着得体，远离是非之地，这样能有效降低受到性侵害的概率。

2. 不要轻信他人，特别是熟人

在性侵害案件中，熟人作案的情况占大部分。因此，女孩必须时刻筑起一道思想防线，千万不要轻信他人，或者比较熟识及曾经认识的异性长辈。尤其是对于那些对自己特别热情的异性长辈，无论是否相识，或者是自己多么尊敬的长辈，都必须格外注意，时刻保持防范意识。此外，不要贪图小便宜，也不要随便接受他人的帮助或者馈赠，以免因小失大。

3. 发现对方不怀好意时，态度要坚决

女孩，当你发现有人对你不怀好意，或有动手动脚的越轨行为时，一定要严厉拒绝，并表现出强硬态度，迫使对方打消不良念头。否则，若是采取一味迁就、忍耐，或者暧昧的态度，就会让对方得寸进尺，继续施行他的不法侵害。

此外，一旦受到性侵害，就要想办法将伤害降到最低。具体来说，应该采取以下几种方法：

1. 留下证据，及时告诉家长或报警

女孩，如果不幸遭到了性侵害应立即采取措施。首先要留下证据，不要急于清洗身体或者整理现场。要及时告诉家长或报警，依法制裁对方的违法犯罪行为。千万不要一个人躲起来伤心流泪，将这件事情深埋自己的心底，这样会让你变得非常压抑，很难消除心理上的阴影。

2. 去医院寻求身体和心理上的帮助

女孩，受到性侵害后，要在家长的陪同下去医院寻求医生的帮助，并积极接受医生在身体和心理上的检查和治疗，这样才能让不法侵害对你的伤害程度降到最低。记住，一定不要讳疾忌医，隐瞒伤情只会造成更大的伤害。

3. 避免负面消息扩张，以防二次伤害

遭遇性侵害之后，我们要坚强、勇敢地面对伤害，同时要避免这种负面消息扩张，以避免受到人为的二次伤害。此外，如果身边熟悉的人遇到此类事情，我们也必须要注意保护当事人的隐私，这才是对当事人最大的爱护。

女孩需要了解的怀孕、避孕知识

女孩，像你这样的青春期女孩，有必要了解一下怀孕、避孕这些方面的知识。一旦发生性行为，要能够很好地保护自己的身体。一旦发现怀孕，要能够得当地处理。而不是因为性知识匮乏而对自己造成身心伤害。我们先来看一个案例。

这天，大庆市某医院妇产科王主任依旧像往常一样忙碌着。突然，一位父亲将女儿匆匆背进了诊室，女孩满头是汗、脸色苍白，看起来意识也有点

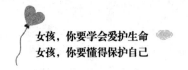

儿模糊了。

女孩的母亲则哭着对王主任说："孩子上学后没多久，老师就打电话说孩子肚子疼得厉害，让我们接回家。我们起初以为她是痛经，就给她喝了一碗红糖水，可她的肚子却疼得越来越厉害了，还流了很多血。"

王主任立刻给女孩开了B超检查单，并注明了"急"字样。检查结果很快就出来了，原来，这个女孩怀孕了，而且是比较特殊的宫外孕。面对这个结果，女孩的父母十分震惊，因为女孩的年龄还很小，今年才13岁。但此时，根本没有时间去责备什么，女孩的生命是最要紧的。

随后女孩被紧急推进了手术室做了流产手术。术后，王主任心有余悸地对家长说："孩子的情况非常危急，腹腔里面全是血，如果再晚一些，恐怕命就保不住了。"

后来，女孩对父母讲出了实情。她与自己班上的一名男生偷偷谈恋爱，就在几个月前，两人在一家小旅店里偷食了禁果。没过多久，女孩发现怀孕了，男孩就陪着她去一家小药店买了人流的药。女孩以为自己吃了药就会没事了，可这种所谓的药根本不管用。结果，她在学校出现流血、腹痛不止的症状，要不是及时被送到了医院抢救，恐怕就会有生命危险了。

案例中的女孩才13岁，却犯下了几点严重错误。首先，她不应该过早与男友发生性关系；其次，发生性关系时她不懂得如何避孕，事后也没有采取紧急避孕措施，结果导致了怀孕；最后，发现怀孕后她不应该去小药店买所谓人流的药，差点儿因此酿成一场悲剧。如果她懂得一些避孕常识，完全能够免遭这次危机。

青春期的少女一旦发现自己怀孕，就应尽早去正规医院做人工流产手术。如果怀孕超过3个月，就不能再进行人工流产手术，需要等到怀孕4个月以后引产，而引产手术对于女性身体的影响更大。因此，女孩千万不能把怀孕、堕胎当作儿戏，否则将会为此付出沉重的代价，比如大出血、妇科炎症、终身不孕，甚至死亡等。

我们在前面已经介绍过有关人工流产手术对于女性身体的危害了，在此我们重点介绍一下女性有哪些可靠的避孕方式。

1. 避孕套避孕

避孕套又叫安全套或保险套，它是以非药物形式去阻止女性受孕的最简单方式，同时，它还具有预防性病和艾滋病等疾病传播的作用。作为一种应用十分广泛的避孕工具，避孕套与其他避孕方法相比，具有使用简单方便、没有副作用和不良反应的特点，避孕成功率一般为85%，对于受过专门训练的使用者来说，避孕成功率可达到98%。

2. 口服避孕药

避孕药可分为4种，即短效避孕药、长效避孕药、紧急避孕药和外用避孕药。

（1）短效避孕药。短效避孕药是一种常规的避孕方法，需每天服用，它具有在人体内发生作用时间很短、停药后即可恢复生育能力的特点。

（2）长效避孕药。长效避孕药通常一个月只用一次，或者几个月用一次。因其一次性进入女性体内的激素量比较大，所以停药后不会马上就怀孕，一般需等到停药半年后才能再次怀孕。

（3）紧急避孕药。紧急避孕药是一种事后避孕药，通常针对常规避孕失败，可在发生性关系之后立刻服用。

（4）外用避孕药。外用避孕药是一种化学制剂，放在阴道深处，子宫颈口附近，使精子在此处失去活动能力而不能通过子宫到达输卵管与卵子结合。因此，外用避孕药又被称为杀精剂。

女孩，你要知道，任何药物都会对身体产生不良反应，如果盲目地长期大量服用或使用这些避孕药物，就会导致药效降低，你也可能会出现月经紊乱的症状，严重时甚至可能会导致闭经，影响正常卵巢功能，并造成终生不孕。此外，如果服用者有肿瘤家族史、血栓史，以及出现身体偏胖或乳腺增

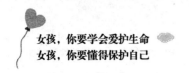

生等症状，就应当及时咨询医生，在专业指导下服用口服避孕药。

3. 宫内节育器

宫内节育器俗称避孕环，是一种放置在子宫腔内的避孕器具，可由金属、塑料或硅橡胶制成。避孕环是一种长效避孕方法，它的避孕成功率为94%～99%。

4. 皮下埋植避孕法

皮下埋植避孕法简称皮下埋植，是一种新型且高效的避孕方法，它通过改变子宫颈黏液的黏稠度，阻止精子进入子宫腔来达到避孕的目的。

采取任何避孕措施都存有风险。实际上，最好的规避风险的办法也许只有"洁身自好"这一条。女孩，你千万不要想当然地做事，因为做错了任何事都是要付出代价的。

第七章

提高警惕，
当心各种网络陷阱

现在是网络信息时代，几乎每个人的学习、生活、工作都离不开网络。所以，父母不可能禁止你接触网络。但你必须清楚，网络是一把双刃剑，在带给我们便利的同时，也有可能被坏人利用，比如坏人利用网络来行骗，传播不良信息，设置种种交友、购物陷阱等，对此你一定要提高警惕。

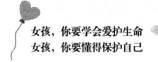

不要轻易添加陌生人的社交账号

女孩，随着网络社交的发展，相信你也有了自己的网络社交账号，比如QQ、微信等。但需要注意的是，在扩大自己的网络社交圈时，你也要有所警惕并进行必要的筛选，不要随便加陌生人的社交账号。

小欧15岁生日时爸爸特意送了她一部苹果手机，满足了她拥有一部智能手机的愿望。这天，小欧乘公交去找同学玩，闲着无聊就玩了一下手机聊天软件上的"摇一摇"。没想到那么巧，居然摇到了同车的一个男孩。

那个男孩发现原来同时摇一摇的就是小欧，就主动走近了她，跟她打招呼，聊天。男孩长得高高大大的，说话幽默风趣，小欧顿时就对他产生了好感。谈话间，小欧得知，男孩比自己大几岁，现在正趁着暑假在麦当劳打工实践，锻炼自己，同时赚点零花钱。小欧感觉男孩非常独立，对他更添了一份好感。小欧就要下车了，男孩主动说："我们互相留个电话吧，这样以后联系也方便。"小欧很爽快地同意了。

以后的日子里男孩常常在微信上主动找小欧聊天，一般的话题到了男孩口中就变得有趣无比，小欧每次都感觉特别开心，很庆幸自己认识了这样一个朋友。

一天，男孩突然给小欧打了个电话，非常焦急地说："小欧，我刚刚在麦当劳打工的时候不小心把一位顾客给烫伤了，对方要求我支付2000元的医疗费。可是我手里暂时没钱了，也不想让爸爸妈妈担心，你能不能先借我，等我发了工资马上还你。"小欧没有丝毫的犹豫就把自己的压岁钱全部给了男孩。男孩连声表示感谢。

这件事情过去后，男孩有很长一段时间没有联系她，小欧想问候一下男孩，却发现自己的微信账号被对方删除了，电话号码打过去也是空号。小欧来到了男孩提过的打工的麦当劳，却被告知没有这样一个人。至此，小欧才明白自己遇到了骗子。

女孩，你正处在青春年少的时期，乐于交朋友的阶段。对于你来说，网上聊天似乎成了日常生活的一部分，这种交流方式有时候甚至替代了你现实中的沟通与交流。但是女孩，这些社交软件在带给你们方便的同时，也隐藏着各种各样的陷阱，尤其是社交软件上的那些陌生人你一定要提防，最好是不加他们。看看小欧的遭遇，你是否能够明白呢？

广交好友的意愿并没有什么不对，但是由于网络的虚拟性往往使得人们之间的信息不透明，你不了解网络另一端的那个人究竟是怀着怎样的意图，有着怎样的品德和性格。因此，贸然在网上通过社交软件添加陌生人为好友是存有安全隐患的。

那么，如何避免被陌生人添加为好友呢？你可以从以下几点做起：

1. 关闭隐私，不要被陌生人搜到

通常在各种聊天工具中都会有隐私设置的按钮，比如"添加朋友""摇一摇""附近的人"等，你一定要谨慎管理。不要让陌生人随意就能搜到你的微信、QQ，也不要让别人通过"摇一摇"来找到你。在对方想添加你为好友时，一定要通过你的验证。

2. 不要添加陌生人

当你的微信或者QQ上显示有陌生人添加你时，不要轻易地点击"接受"或者"添加"。如果对方附带的留言信息让你感觉有可能认识，点击了"接受"或"添加"，在确认自己并不熟悉后，最好立刻删除。

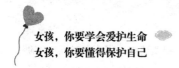
3. 如不得已添加，一定要限制对方的权限

如果遇到特殊情况，比如希望了解相关课程、活动规则等，必须添加陌生人微信、QQ等社交账号时，一定要注意限制对方的权限。比如不让对方看你的微信朋友圈，或者QQ空间、动态等，仅仅保留聊天功能。

4. 不要使用本人头像

在使用社交聊天软件时，通常会设置一个头像。女孩，你要注意，千万不要用本人照片做头像。要知道你的照片是你非常重要的一个隐私，而且会暴露你的年龄、性别，也容易被那些居心叵测的陌生人盯上。

总之，网络交友有风险，女孩一定要增强戒备意识，保持冷静的头脑，不要随意添加陌生人，以免落入陷阱。

不轻信熟人借钱、邀约等信息

女孩，对于你们年轻人来说，网络沟通方式基本已经取代了电话、面对面的交流。但是，网络的不可预知性却让这种交流方式充满了不确定性和危险性。这不，小雪就碰上了这么一档子事。

周末，小雪正在家里上网，突然QQ上弹出来一个消息，原来是好朋友薇薇发来的。小雪顿时心情大好，热情地跟薇薇打招呼。可是，原本说话干脆、利落的薇薇，面对小雪的问候却一会儿说东一会儿说西的。勉强聊了会儿天，小雪实在忍不住了，问道："你今天是怎么了？怎么感觉不在状态啊？"看到小雪的问话，薇薇隔了很久以后，连续发了好几个痛哭的表情。小雪一看更是心急如焚了："你到底是怎么了？快说啊，真是急死我了！"

薇薇传来一段话："这个假期妈妈说要让我补习一下英文，本来她今天是要去交钱的，结果妈妈临时有事就让我把钱带给老师。可是，可是……呜呜呜……"

小雪追问道："可是怎么了？"

薇薇回复："可是我坐车的时候钱被小偷偷了。我不敢告诉妈妈……呜呜呜……"

看到回复，小雪满脑子都是电脑那端薇薇泪流满面的样子，赶紧安慰她说："别着急，我先找同学们给你凑凑，等你有了钱再还我们。"

看到小雪的话，薇薇很快就发过来了银行账号。

小雪一看，问道："这收款人的名字怎么不是你啊？"

薇薇回应道："这是我们老师的银行卡号，你直接把钱打给他就行。"

小雪一听就立刻开始行动，联系了几个好朋友给薇薇凑了钱，并打到了指定的账户上。当小雪想跟薇薇确认是否收到钱时，却发现薇薇不在线了。于是，小雪立马给薇薇打了个电话。然而，令小雪没有想到的是，薇薇听了她的话居然一头雾水，反问道："我什么时候联系你了？那个人根本就不是我！"原来，薇薇今天就没上QQ，是网络骗子盗取了薇薇的QQ账户及密码，欺骗了小雪。

现在的网络应用越来越广泛，但是各种安全漏洞也普遍存在。当你认识的人突然在网络上以各种理由提出借钱的要求时，一定要保持足够的警惕。记住，并不是用着朋友的网名，那人就一定是你的朋友。要知道，任何人的网络社交工具的账号、密码都很可能被骗子盗取，所以千万不要轻易地相信网络那头的人就是你所认识的"熟人"。小雪的遭遇就充分地说明了这一点。

除了利用社交软件冒充熟人诈骗，还有的诈骗分子会假冒老同学或老朋友打来电话，声称遇到了紧急的事故或者危险，急需用钱；甚至是利用虚假

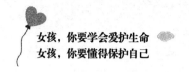

的视频，让你"眼见为实"，确认是自己"认识的人"，从而心甘情愿地解囊相助，结果却落入了骗子的陷阱。

很多时候，骗子的手段并不高明，甚至漏洞百出。但是人们往往对熟悉的人、熟悉的朋友充满了爱心、关心，一听到朋友有难，或者熟人遇到困难就会奋不顾身，失去了判断的理智。就如小雪在看到薇薇发来的银行账号时其实也是有点疑惑的，但她并没有多想。而犯罪分子正是利用人们对熟悉的人不设防、不怀疑，设计了各种骗局，从中牟取不法利益。

其实，如果在接到熟人借钱的信息时，能保持冷静，多存一些疑问，多方面进行核实就不会那么容易受骗了。

1. 电话核实

当你收到熟人的网络信息涉及借钱、转账等财务请求时，务必要警惕。最简单、最直接的方式就是给熟人打个电话核实一下，确认你所收到的信息是否为对方本人所发。

2. 打探虚实

如果你接到一个你不认识的，但对方声称是你熟人的电话时，不要下意识地将其默认为好友，要想办法提出一些试探性的问题，打探其虚实。比如，编造一个名字，声称是你们俩的好友，一旦对方默认，那么就可以判定他就是骗子，这种情况下立刻挂断电话。

3. 不要轻易答应见面

如果拨打过来的电话号码显示是你的朋友，也不要轻易相信对方的说辞。尤其是久未联系的那些熟人，更要提高警惕。当他们提出见面的请求时，一定要慎重。不要孤身前往，更不要同意在一些不安全的场所或者封闭场所见面。可以请父母或者好朋友陪同前往，若发现异常，立即找理由离开。

4. 及时报警，告知亲友

万一不幸被骗，你一定要及时报警，或许还能挽回自己的损失。另外，要及时通知亲朋好友，以防骗子借你的人际关系网络欺骗和伤害更多的人。

总之，女孩，你一定要记住，凡事多问几个为什么，尤其是涉及财物及人身安全的信息和电话务必多一分警惕，进行多方求证，确保信息无误后再付诸行动。助人、救人其实都不是急在那一时的。

当心各类"大奖"砸中你

女孩，如果有一天你被告知中了大奖，第一反应会是什么？兴奋、开心、好好庆祝？先别急，我们可要提醒你哟，仔细看一看这天上掉下的到底是馅饼，还是陷阱？

一天，12岁的小凤正在与好友双双聊天，突然电脑右下角弹出来一个QQ系统消息，上面用醒目的彩色字写着："尊敬的腾讯QQ用户：恭喜您！您的QQ号码被系统自动抽中为幸运用户，将获得价值8000元的笔记本电脑一台。请登录活动网站×××领取验证码×××。全国唯一活动免费专线：400-×××-××××。"

看到这个消息，小凤喜出望外，她简直不敢相信自己的眼睛，来回读了好几遍信息。"哇，我也太幸运了吧！看来常聊天还是很有好处的嘛！"

小凤兴奋地对着双双敲过去一行字："快看，我中大奖了！"并发了截图。

没想到，双双马上提醒道："千万不要点击链接，那是诈骗信息！"

小凤很奇怪地问："这明明是腾讯公司发的系统消息，怎么就是诈骗呢？"

双双说："这种消息是诈骗分子假冒腾讯公司名义发布的，不论是链接，还是电话都是假的，引诱你上钩的，千万不要点击链接或者拨打电话！不信的话，你去搜索一下腾讯真正的官网、客服电话。"

小凤搜索了一下腾讯的官网及电话，再一对比自己收到的消息，还真是有点李逵对李鬼的味道。

小凤正在暗自庆幸的时候，双双又说道："你搜索看看，有多少人都被这种中奖信息给骗了！"

当看到搜索后的结果时，小凤真的是目瞪口呆，那么多的人都被这样的信息给骗了。对比一下自己收到的所谓的系统消息，与那些诈骗信息如出一辙。这下小凤彻底明白了。

网络在为我们提供便利的同时，也让诈骗分子们获得了可乘之机。通过强大的网络平台，这些犯罪分子广发诈骗信息，编织出一个巨大的网，利用QQ、邮件、广告链接等，引诱、欺骗人们，人们稍有不慎就会被这天上掉下来的"馅饼"砸得头晕脑涨。

为了骗取人们的信任，越来越多的诈骗分子开始采用类似大公司、大平台的官网、系统消息来行骗，就像小凤看到的那样。表面上，这些信息是出自正规大公司的系统，实际上一旦深究就会发现它所展示出来的网址、电话、系统提示与真实的信息还是有差别的。只是人们很少会那么仔细地去探究、验证，结果就落入了陷阱之中。

2020年1月7日，360企业安全集团、360猎网平台发布《2019年网络诈骗趋势研究报告》。报告称，在2019年网络诈骗案件中，金融诈骗、游戏诈骗、兼职诈骗是举报量最高的三大诈骗类型。其中，金融诈骗案件中有相当部分是以中奖为由，引诱人们一步步上当的。那么，在面对这些大奖信息时，你应该怎样处理呢？

1. 冷静对待

骗子之所以能行骗成功，不一定手段有多高明，很大程度上是因为人们存有侥幸心理，希望自己有一天能突发横财。因此，在面对大奖信息时很容易头脑发热，一厢情愿地相信自己有多幸运，从而落入犯罪分子的圈套。所以，你在收到任何中奖信息时都要记住，一定要冷静对待，谨慎识别。

2. 不要点击中奖弹窗中的网址

当你在网络上浏览网页或者搜索资料时，无论弹出来的是何种中奖弹窗都不要去点击其中的链接，甚至不要点击关闭图标，有些时候你无论点击了链接还是点击了关闭图标，弹窗都即默认为打开。所以，遇到中奖弹窗直接无视就可以了。

3. 被中奖诈骗纠缠，报警处理

诈骗手段层出不穷，你不可能了解所有的形式，也很难规避掉所有的陷阱。现在，中奖诈骗再次升级。如果你拒绝领奖就会再次收到系统提示，声称你会收到法院传票。如果你收到了相关的中奖信息，并且无法摆脱诈骗分子的纠缠时，那么最简单的方法就是直接报警，让警察来处理。

女孩，你一定要记住，这天下是没有免费的午餐的，在任何时候都不要有投机致富的侥幸心理，不要轻易相信自己能在芸芸众生中被大奖砸中哦。

不要沉湎于网络交友

"微信摇一摇，朋友自然来"，这句话是不是非常形象地道出你们这个年龄段的女孩如今的交友状态？你是不是感觉到，很多时候当着朋友的面不方便说的话，在网络上面对陌生人却能轻轻松松地说出来呢？很多烦恼对熟

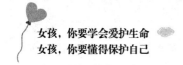
悉的人不能说，却能对陌生人倾诉？也许正是这样的原因才让你们对网络聊天、交友欲罢不能。但是，这种交友方式在帮助你释放压力、舒缓情绪的同时，也很可能导致一些不良后果。

小翠是一名13岁的学生，平日里性格比较内向，不擅长表达和交际，因此朋友很少。

放暑假了，小翠回奶奶家玩，认识了邻居家的小姐姐。她们俩一见如故，聊了很多话题。当小姐姐知道小翠的交往烦恼后，爽快地说："你呀，就是接触的事情太少了，来，我教你怎么打破交往的障碍吧！"小翠一听开心极了，很期待在小姐姐的带领下认识更多的人。

可是，没想到，小姐姐并没有带小翠出门，而是打开了家里的电脑。小姐姐登上了自己的QQ，说："瞧，我这里有好几百个好朋友，想说什么就说什么。"初涉网络交友平台的小翠仿佛看到了一个全新的世界，感觉这个"交际场"到处都是人头攒动。她兴奋地开始了网络聊天的生活，并且从此陷了进去。

在网络的世界中没有人认识小翠，没有人了解她。她的烦恼、喜悦都不需要掩饰，她可以尽情地抱怨，也可以尽情地发泄，并且还能引起共鸣。这样的交流环境让小翠感到前所未有的舒畅，自然充满了巨大的诱惑力。

每天一有时间，小翠就迫不及待地打开电脑，上网去与网友们聊天。在网络的世界里，她仿佛变了一个人似的，开朗大方，干脆利落，想说什么就说什么，从不掩饰自己的想法。然而，在现实中，她还是那个唯唯诺诺，不敢开口说话，羞于表达的小女孩。

现实与虚拟的巨大反差，让小翠对真实的生活变得越来越抗拒，越来越排斥。生活中的她越来越沉默寡言，消极闭塞，完全不跟父母、同学、老师交流，并且开始厌食、失眠。后来，经心理医生诊断，小翠患上了"网络心理障碍症"。

网络是一个平等、开放的平台，借助电脑的保护和伪装，人们可以随心所欲地倾诉自我，释放心情，尽情地展现内心的渴望和想法，甚至成为与现实世界中完全不同的人。网络给了每个人更大的自由度和可能性。这也许就是小翠会沉湎于网络不能自拔的主要原因吧。

不可否认，网络聊天是有其优势和便利的。网络的覆盖面广，可以扩大你的交际面和朋友圈，让你认识更多的朋友，获得更多的见识和人脉。但是，凡事都有两面性，凡事都有一个度。如果过度痴迷网络，将现实与虚拟世界混为一谈，就会完全陷入网络世界，而关闭现实世界的大门。

女孩，希望你在充分利用网络优势，享受网络便捷的同时，对网络骗局有所防备，避免生命财产遭受损失。那么，在日常的上网过程中，要怎样去把握好这个度呢？

1. 控制好时间

女孩，做任何事情都不能毫无节制，网络聊天更是如此。希望你能自己做好计划，规定好每天上网多长时间，到时间就及时关闭电脑。

2. 明确上网的目的

在网络上最怕的就是漫无目的，你越是无所事事，一个个网页不停地浏览，就越是无法从中脱身。因此，希望你每次上网前先明确一下：自己是想通过网络解决什么问题？查找什么资料？与朋友沟通什么事情？还是想看一部电影或追几集电视剧？一旦做完自己想做的事情，请果断地关机。

3. 多结交现实中的朋友

不可否认，在网络上你可以畅所欲言，肆意发挥自己的个性。但网络毕竟是虚拟世界，生活才是真实的。所以，建议你多走出家门，多结交一些现实中的好朋友，多在现实生活中拓展自己的见闻。

4. 找一件自己感兴趣的事情深入做下去

每个人都有自己的爱好，都有自己非常感兴趣的事情。你也一定有的，是读书、画画、唱歌，还是弹琴？无论哪一项，你都可以深入地坚持下去。

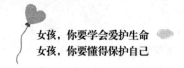
当你烦恼或者快乐时，这些爱好都能帮你分担或者与你共享，这样一来，你就不必去网络中寻找精神寄托了。

女孩，网络只是一种工具，是为了方便我们的学习，服务我们的生活而存在的。它永远都不能取代现实，更不可能替代你所在的世界。因此，希望你能正确地看待网络，利用网络，千万不要沉湎于网络聊天、交友之中。

不要跟陌生网友见面

现代社会，网络已经成为我们不可或缺的工具。我们可以利用网络获得知识，搜集资料，进行家校互动，与朋友、同学沟通交流。网络已经与我们结下了不解之缘。但是，为了你的安全，我们在此还是要提醒你一些使用网络时可能会遇到的危险和问题，从而有效地规避它们，确保自己的安全。

15岁的女孩小常性格开朗，对人从不设防。有一天，她在浏览网页时，突然QQ对话框弹了出来，一个自称"潇洒人间"的陌生人申请加她为好友。小常虽然感觉有些突兀，但是也没拒绝。

在聊天的过程中，小常觉得"潇洒人间"说话直爽、幽默，而且非常理解她的想法。于是，就渐渐地把他当成了倾诉的对象，常常跟他说一些自己的烦恼和对父母及学校的抱怨。

有一天，小常因为考试成绩不理想受到了父母的批评，心情很郁闷，于是上网找"潇洒人间"发泄情绪，"潇洒人间"很耐心地安慰了她半天，最后发出了这样一条消息："既然心情这么糟糕，不如出来我们一起去唱歌放松放松？"见对方要见面，小常有些犹豫，虽然常常一起聊天，但毕竟还是从未见过面的陌生人啊。"潇洒人间"看她半天没有回复，就又劝说道："那么不开心，待在家里越待越烦，还容易和父母吵架，出来散散心，心情就好了。你就跟父母说，跟同学一起去书店逛逛。"看到这里，小常动心了，答应了与"潇洒人间"见面。

一到歌厅门口，小常见到"潇洒人间"一身休闲装，还戴着眼镜，很斯文的样子，心里顿时放松了许多。于是就和他一起来到了包间唱歌、吃东西。"潇洒人间"还特意给小常点了果汁，并且嘱咐她不许喝酒，小常心中的警惕性一点点消失了。玩着玩着，小常突然觉得有些头晕，站都站不稳了，"潇洒人间"上前扶她在沙发上躺下，对她说："你睡会儿吧，估计是最近忙考试累了。"小常还没说出感谢的话就陷入了沉睡中。

过了很久，小常模模糊糊地醒过来，浑身酸痛，发现自己光着身子，衣服被脱下来扔了一地，而昏暗的包厢里"潇洒人间"早已不知去向。小常顿时明白发生了什么事情，她伤心欲绝，却不敢告诉父母。

遭遇了这场劫难后的小常变得情绪低落，时常神志不清，渐渐患上了严重的抑郁症，只能退学在家。

看完这个案例，你是不是也感到不寒而栗呢？网络给予了人们极大的便利，拓展了人与人之间交往的空间，越来越多的陌生人通过网络相识。网络世界的虚拟性，使得人们在交流的过程中可以无拘无束，畅所欲言。然而，也正是这种虚拟性给了犯罪分子可乘之机。近年来，女孩因为约见网友而遭遇抢劫、诈骗、性侵等恶性案件频频发生。

某初中女生因为一时贪玩，放学后与男网友见面聚会，结果被强奸；

某女孩与网友相约见面，结果被男网友将手机及身上钱财抢劫一空；

……

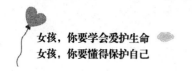

虽然这些犯罪分子最终都受到了法律的制裁，然而他们带给那些女孩的却是一生都难以抚平的伤害。

女孩，如果你也有网络上结识的朋友的话，希望你能提高警惕，谨慎对待。一方面，不要把对方想象得过于完美，在与他们沟通交流时要保持理智，头脑清醒。通过空间、日志等多种渠道来对他们的实际情况进行多方面的了解。另一方面，不要轻易地答应陌生网友的约见请求。如果有一天你真的遇到了非常想见的网友，那么一定要注意从以下几个方面来保护自己。

1. 务必提前告知父母

女孩，请记住，父母是这个世界上最爱你的人，他们愿意倾听你的心声，也希望你能跟他们倾诉。所以，无论何时，你想和哪个网友在哪里见面，一定要事先告诉他们，让他们知道你去哪儿了，这也是为了更好地保护你。

2. 请父母或者朋友陪同

为了你的人身安全，无论何时请一定不要单独赴约。如果你不希望父母陪同，还可以叫上几个好朋友陪你一起去，同时也要让父母知道你去的地方。

3. 约见的时间和地点一定要安全

首先，一定要约在白天，而不是晚上见面。其次，见面时，一定要约在你熟悉的公园、商场、快餐店等地方。这些地方既适合正常聊天，人又多，一旦发生危险，你随时能找人求助。

4. 时刻保持警惕之心

与网友见面时要时刻保持警惕，不要随便喝任何饮料，也不要随意地吃任何东西。不要根据面相来主观地判断网友是个好人，也不要因为不好意思而不敢拒绝他的一些不当要求。

5. 千万不要被任何要挟吓倒

为了确保自己的犯罪行为得以实施，坏人最擅长的就是恐吓和要挟。如果你遇到了这种人，千万不要惊慌失措，更不要盲目屈从于坏人，可以与对方机智周旋，或者拖延时间。在确保安全的情况下，可以大声呼救，以引起周围人的注意。

不要沉溺于网络游戏

女孩，你喜欢玩网络游戏吗？你的同学、朋友也玩网络游戏吗？在学习之余适当地玩一会儿，父母可能也不会反对。但是，如果像下面这个案例中的小慧那样，不但玩游戏玩得着了魔，还把父母的血汗钱挥霍一空，那就太可怕了。

2017年6月，11岁的小慧家里传出来一阵激烈的吵闹声，小慧的爸爸愤怒地斥责女孩，小慧则大声地哭着。原来小慧由于沉溺于一款网络游戏，而偷偷地花掉了家中近11万元的巨款。

事情还要从3个月前说起。正在读六年级的小慧是一个非常乖巧、懂事的孩子，学习成绩也很好，一直是父母的骄傲。因为爸爸妈妈工作很忙，小慧放了学常常一个人待在家里，忙完了作业就看会儿书。

一天课间，小慧发现好朋友小冉在跟几个同学热烈地讨论着什么，她凑上前去问道："你们在说什么呢？这么兴奋。"小冉笑笑说："去去去，你个书呆子，来凑什么热闹！"小慧一听更好奇了："什么东西不能跟我说啊？"小冉叹了口气说："你还真执着，我们在聊网络游戏呢，你玩吗？"小慧摇了摇头。"我就说嘛，你肯定不玩。"小慧说："有那么好玩吗？看你们那么痴迷。"听到这话，那几个同学都七嘴八舌地说起来："当然，超

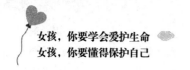

级好玩！超酷……"

就这样，在同学们的带领下，小慧也玩起了网络游戏。一开始，小慧每天只是写完作业后玩一小会儿，但因为她是新手，总是频频失利，好久也达不到理想的目标。小慧的好胜心被激发起来了，于是每天玩的时间越来越久，当然级别也越来越高。

慢慢地，小慧发现玩网游不仅要技术好，还必须要购买好的装备才行。于是她悄悄地将爸爸的银行卡关联上了自己的手机，并且试出了银行卡的密码正是自己的生日。这下，小慧便在网游的道路上"畅通无阻"了。

当爸爸发现银行卡款额不对劲时，小慧已经累计消费了近11万元的巨款，而这些钱原本是爸爸妈妈打算用来买房子的血汗钱。

女孩，你看到了吧。网络游戏具有多么大的诱惑力啊，就连小慧这样原本十分乖巧、懂事的孩子，一旦陷进去也完全迷失了方向，铸成大错。在现实生活中，除了像小慧这样偷偷用家里的钱去打网络游戏，渐渐沉溺其中，结果花费巨款的孩子，还有的孩子甚至为此付出了生命的代价：

2016年6月，浙江一名13岁的孩子因玩游戏的手机被没收，从4楼的家中跳下摔伤。

2016年8月，莆田市的一名12岁少年因沉溺于网游，连续打了5个小时游戏后猝死。

网络游戏充满了紧张、刺激、惊险的情节，在游戏中玩家们可以相互合作、竞争、对抗。一方面能想干什么就干什么，不需要负责任，也不需要考虑后果，随心所欲，为所欲为；另一方面还可以感受到成功的喜悦，获得不断升级的成就感。正是因为这些特质，网络游戏在广大的青少年中风靡，但同时也给青少年造成了很多危害。

1. 影响学业

一旦沉溺于网络游戏，少则一两个小时，长则七八个小时都奋斗在游戏当中，根本无法保证充足的学习时间和精力。

2. 影响身体健康

长时间端坐于电脑跟前盯着屏幕，损伤视力。而且长久不变地重复机械姿势还会导致腰酸背痛、关节炎症等，严重影响身心健康成长，甚至导致部分孩子猝死。

3. 影响心理健康

一些网络游戏中充斥着暴力、色情、欺诈等不良的情节，很容易让人沾染上不良的习惯，形成暴躁的脾气。另外，沉溺于网络游戏会使人长期缺乏社会交往，与现实生活脱节，导致自我封闭、自以为是等心理疾病。

有人说，网络游戏就如同"电子海洛因"，一旦碰触到就难以自拔，难以摆脱。女孩，希望你不要沾染上这一恶习。你可以从以下几方面做：

1. 不接触各种类型的网络游戏

网络游戏充满了诱惑力，别说孩子，就连成人都很难经受得住诱惑。所以女孩，如果不想沉溺于网络游戏，最好的办法就是不接触这些游戏。

2. 不要因为从众心理而玩游戏

有些女孩之所以玩网络游戏是因为同龄的朋友们都在玩，自己不玩就感觉格格不入，担心会被朋友们排斥。如果你也是出于这样的心理而想要接触网络游戏，那么不得不说，这样的朋友不交也罢，还是多结交一些与自己志同道合的朋友吧。

3. 如果游戏上瘾，坦诚告诉父母，努力戒除

女孩，如果你不小心掉入了网络游戏的大坑，不要有心理负担，也不要担心受到责骂。千万别隐瞒，一定要及时告诉父母。他们会与你共同面对，努力戒除这个不良的习惯，帮助你健康成长。

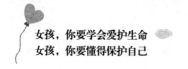

网络直播伤不起

随着网络技术的发展，各种网络直播平台也层出不穷。据不完全统计，当前大概有150多家直播平台，超过2亿用户，每个月的活跃用户数量达到了千万以上。

无论是明星，还是普通人，只要有新奇的想法、点子，只要直播的内容能够吸引人的眼球，就能在很短的时间里聚集人气，甚至成为赫赫有名的网络主播。女孩，你们的同龄人是不是常常会讨论一些关于网络直播的话题？建议你可要小心对待，要有足够的自制力和判断力，避免像下面例子中的小然那样付出巨大的代价。

13岁的小然是上海的一名初一学生，有一天在网上浏览时发现了一个直播平台——××直播，看到那么多人都注册了自己的账户，直播自己的生活、兴趣、爱好，受到那么多粉丝的追捧，小然不觉有些心动了。

妈妈因为对网络不是很熟悉，所以很多时候都需要小然帮忙上网注册、支付、转账等。所以当看到××直播需要用身份证注册登录时，小然很自然地就填入了妈妈的个人信息。

日常生活中的小然不太擅长交朋友，因此经常独自一人在家画画、做点儿小手工、搞点儿自己的小爱好等。自从有了××直播账户，小然开始把自己的这些爱好做成直播上传，没想到深受人们的喜爱，不知不觉就积攒了近2000名粉丝，这让小然非常有成就感。而相应地小然也开始有了自己关注的人，并且开始跟随其他粉丝为自己喜欢的人打赏，以期获得对方的关注，成为好朋友。

打赏是需要金钱作为后盾的。刚开始，小然还能用自己的零花钱和压岁钱保障支出，渐渐地，这些已经不够用了。小然开始打起了妈妈账户的主意。第一次，小然只是悄悄地转了几百块钱，当她发现妈妈对此一无所知、毫无察觉后，胆子开始大了起来。后来，当妈妈发现时，小然已经从妈妈的账户中转出了18万元！

很多人玩网络直播的初衷很简单——分享自己的生活、爱好，多交一些志同道合的朋友。然而，很多事情往往不会沿着我们预想的方向发展。当你真的深陷其中时，各种诱惑与外力都会推动着你身不由己，做出错误的事情。就像案例中的小然，一开始是分享，后来就开始给别人打赏，到最后居然发展到了偷用妈妈的钱款。

女孩，你可能认为，一般情况下这些网站都有网络监管和提醒。是的，在××直播的充值界面上也是有相应的服务协议和特别提醒的，其明确指出"未成年人使用××公司的充值服务，必须得到家长或者其他监护人的同意"。但是，当受到网络直播的诱惑和吸引时，这种类似免责声明的提醒又有多大的约束力呢？说到底，还是要靠使用者的自控力。所以，还是尽量别去触碰网络直播吧。

不过要做到这一点还真是不太容易，因为你们这一代人不再仅仅是网络信息的被动使用者和接受者，而是正逐渐变为参与者和创造者。所以，如果你还是希望对网络直播有些许涉入和关注，那么至少要做到以下几点：

1. 关注直播中积极正面的内容

其实任何一种网络形式的平台都是有其优缺点的。如果你善于利用其优点，多关注其积极的一面，获得的就是好的影响和收获；反之，则是坏的影响和危害。

网络直播作为一种新型的传播渠道，不仅仅是一个造星平台，更多的是利用其灵活性和互动性，将最新的资讯、产品、新闻等传播给广大的观众。因此，你不妨多多关注一下网络直播中这种健康向上的内容。

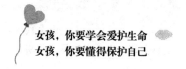
2. 不虚荣，不攀比

如今的网络直播鱼龙混杂，这就需要你明辨是非，明确自己的目的，不去做无谓的攀比和竞争。要时刻记住，家里的金钱是父母用辛苦劳动和汗水换来的，你没有挥霍的权利。

3. 直播内容要健康，且注重保护个人隐私

女孩，如果你希望通过直播平台来展示自己的才艺和兴趣，交更多的朋友，有更多的共同话题，对于这样的直播尝试我们还是赞成的。但是，切不可为了所谓的圈粉，为了吸引更多的关注而剑走偏锋。另外，在直播中你一定要注意保护自己的隐私，切不可疏忽大意，更不可为了直播的真实性和实时性，而忽视了对自我的保护。

4. 玩直播要有节制

女孩，你现阶段的主要任务是学习，因此，在做网络直播时一定要做好规划，不要更新频率太高，最好是在学习之余玩。另外，每次直播的时间也不能太长，以免影响到学习。

女孩，虽然你们年轻一代的网络应用能力强大，但是毕竟认知能力有限，对是非判断的能力不足。因此，希望你能慎重一点儿。记住，要让网络成为你成长道路上的好帮手，而不是绊脚石。

第八章

内心强大，
是女孩最好的防卫武器

女孩，针对可能遇到的危险和伤害，这本书已经给你讲了很多种方法，但是你知道保护自己最有力的武器是什么吗？家人的保护？朋友的帮助？警察叔叔对坏人的惩罚？都不是。最好的防卫武器是你自己——是你强大的内心，是你智慧的大脑，是你强烈的自我保护意识，是你熟练掌握的自我保护技巧……

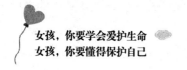
强大的内心是保护自己的最有力武器

女孩，当你拥有了一颗强大的内心之后，遇到任何事情时才不会害怕、担忧、慌乱。内心的强大、沉着、冷静在很多时候能帮助你逃离最危险的境遇，让你绝处逢生。

这天傍晚，女孩小关正独自在村子里的广场上玩耍，眼看天要黑了，她正准备回家，突然一辆白色的面包车急速开到了她的身边，车子刚一停下就有两名陌生的男子跳下车，冲她跑过来。小关一下子被吓傻了，站在原地不敢动弹，任由两名男子将她套在一个大麻袋里拉到了车上。

极度恐惧的小关一上车后才反应过来自己是被人绑架了，于是她开始挣扎，并大声地哭了起来，耳边顿时传来一名男子恶狠狠的威胁："闭嘴，不许哭！再哭我就把你大卸八块扔到河里去。"听到这些话，小关突然想起了老师曾经讲过，遇到危险时要冷静，不能激怒匪徒。于是，小关装作被吓到了的样子，顺从地闭上了嘴巴。

车子一直在开，小关感觉已经离家很远了。大约开了2个小时后，车子停下了，小关被绑匪带下了车，关在了一间房子里。小关假装被吓坏了，表现得非常胆小懦弱，任由绑匪摆布。绑匪让她坐在哪里，她就听话地坐在哪里，一句话也不敢说。绑匪要把她的手脚绑上，她也没有挣扎。看着小关这么顺从听话，绑匪们对她也没那么凶了。

小关安静地坐了一会儿，开始寻找机会逃走。眼看绑匪们没有出门的意思，小关假装害怕的样子，轻声对绑匪说："叔叔，我，我想去厕所。"绑匪瞪了小关一眼，小关赶紧解释道："我实在是忍不住了。"绑匪想了想走过来给她松了绑，带她去了屋后面的厕所。小关进去一看，发现厕所是没有屋顶的开放式的，便使出吃奶的劲儿翻过厕所的墙逃了出来。

小关小心翼翼地顺着马路一会儿跑，一会儿走，从晚上一直走到了第二天的下午，当看到路边执勤的交警时，她顿时满脸泪痕，再也走不动了。在交警的帮助下，小关终于安全地回到了家中。

面对突如其来的灾难和凶恶的绑匪，13岁的小关并没有一味地哭闹，而是审时度势地选择了静默，保护了自身不受到进一步的伤害。她用自己的顺从和听话麻痹了犯罪分子，让他们放松了警惕，最终想办法为自己制造了逃跑的机会。可见，拥有一颗强大的内心，可以帮助你在面对危险时尽快冷静下来，从而保持清醒的头脑，迅速对当前的形势做出判断，并采取相应的对策。

曾经有这样一个案例，犯罪嫌疑人一连强奸并杀害了多名女性，唯独"手下留情"地留下了其中一名女性。就是因为这名女性在黑夜中被犯罪嫌疑人劫持后，用自己的顺从和配合麻痹了犯罪嫌疑人，但是她却默默地记住了罪犯的特征，并伺机拍下了犯罪嫌疑人的车牌号，为警察提供了有效线索，最终将犯罪嫌疑人迅速抓捕归案。

要想构筑强大的内心可不是仅凭说说就能做到的，它需要有周密的措施和行动作为保障。那么下面我们就来谈谈，在面对凶徒时，应该做些什么来安抚慌乱的内心，保障自己的安全呢？

1. 深呼吸，保持镇定

这一点听起来简单，但做起来并不容易，尤其当你面对力量悬殊的陌生凶徒时，心肯定会怦怦直跳。那么，尝试着深呼吸，悄悄地在心里告诉自己，一定有办法，一定能够获救，让自己的内心逐渐平静下来。

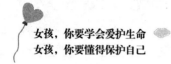

2. 留心周围的景物和人

在被坏人劫持后，无论是坐车还是被关到密闭的屋子里，都要时刻注意观察。一方面可以根据周围的景物判断出自己所处的位置，寻找逃生路线，或者留下相关线索；另一方面认清劫持你的人的特征，便于之后报警指证。

3. 用顺从和听话来麻痹对方

女孩，当你遇到危险人物时，不要盲目地反抗，尤其是当坏人情绪激动时，更不可过于激烈地抗争，以免激怒坏人，危及你的人身安全。你的顺从会让坏人放松警惕，当你提出上厕所等请求时更有可能获得他们的同意，从而为自己创造逃跑的机会。

4. 一旦脱离险境，迅速找到电话报警并联系家人

女孩，如果你侥幸逃离了犯罪分子的监控，一定要迅速找到电话报警并告知家人，以防自己不小心再次落入他们的魔爪，或者在逃跑的路上走失。总之，要确保自己能够安全回家。

女孩，父母不可能寸步不离地守护在你身边，不可能永远保护你。因此，学会保护自己，才是你成长过程中应该学会的。而构筑并拥有强大的内心是自我保护的重要前提，是实现自我救助的秘密武器。所以，牢记以上四点建议吧！

自尊自爱是保护好自己的基本前提

女孩，随着时间的流逝，你一天天长大了，除了身体的成长，你的心理也开始成熟，开始关注与异性之间的关系。是的，你已经步入了一生中非常重要的阶段——青春期。那么，在这个时期中如何才能保护好自己呢？首要

的一点就是要自尊自爱。

晚上8点多，初中女孩小乐去找好朋友晶晶玩。走到半路时，迎面走过来一群正在说笑的男孩，小乐低着头正准备从他们身边走过去，突然听到一个声音在喊她："小乐？这么巧，你这是要去哪儿呀？"小乐惊诧地抬起头，发现原来是自己一直默默喜欢的小学同学小锋，再仔细一看，人群中居然还有四个男孩也是自己的小学同学，另外四个男孩则是小锋他们新结识的朋友。

小乐一看原来是老同学，顿时停下脚步寒暄了起来。聊了一会儿，小锋说："要不跟我们一起去海边散散步吧。大家许久没见了，多聊会儿。"小乐看着一群男生有些犹豫："这大晚上的，我一个女孩跟你们在一起不太合适吧。"

小锋他们一听笑了起来，说："你这都什么封建思想啊，大家都是朋友，有什么不合适的，走吧！"经不住大家的劝说，再加上小乐也有想与小锋多相处一会儿的想法，于是就半推半就地跟着他们一起来到了海边。

走在空无一人的海边，身边是自己暗恋的男生，小乐心里开心极了。平时话不多的她，今天仿佛打开了话匣子，不停地与小锋聊这聊那。小锋也似乎从未像今天这样关注过小乐，看着小乐的神情十分专注。

不知不觉一个小时快过去了，那四个新认识的男孩突然聚在一起嘀嘀咕咕起来，边讨论边看着小乐。小乐被他们看得有些不自在，正想跟小锋说该回家了。结果，那四个男孩却突然将她拖到了路边的树丛里，摁在了地上。小乐被吓坏了，拼命想呼救，可是却被一个男孩捂住了嘴巴。

小锋和几个同学被这突如其来的状况吓了一跳，然而在弄清楚这几个男孩的不良企图后，却没有对小乐采取实质性的保护措施，只是口头上劝说了几句。见他们不肯放过小乐，于是就自顾自地在一旁聊起了天。就这样，在夜晚的海边，小乐绝望地被几个刚刚认识的男孩给侵犯了。

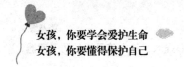

后来小乐在家人的陪同下去报案，当警察听说一个女孩居然独自与九个男孩在夜间外出散步时，被惊得目瞪口呆。

女孩，这个案例是不是看得你心情很沉痛？你可能会想，小乐似乎也没有做错什么啊！她并没有引诱对方，跟她一起的大多都是同学啊！但是，你仔细想想，作为一名花季少女，在晚上与一群男孩去僻静的海边散步，是不是安全意识太薄弱了？

其实，小乐一开始不是没有想到这一点，她原本也是有顾虑的。但是，当被自己心仪的男孩劝说后，她没有坚持自己的原则，失去了自我保护的意识。最终，她所承担的结果是极其惨痛的。每一个女孩都是一朵含苞待放的花朵，需要细心的呵护与精心的照顾才能绽放出美丽，所以，女孩一定要懂得自尊自爱、洁身自好。

所谓自尊就是作为女孩要懂得尊重自己，维护自己的尊严，既不卑躬屈膝，也不允许别人歧视自己。所谓自爱就是要懂得爱惜自己的身体和名誉，坚决不能把自己置于危险的境地，坚持自己的价值观和道德底线。只有这样，女孩在人际交往的过程中才能赢得尊重，才能掌握主动权。

那么，如何才能做到自尊自爱呢？以下几个建议送给你：

1. 言谈举止要大方、得体

在与异性交往的过程中，女孩应该时刻注意自己的言谈，要举止端庄。言谈应当稳重，切不可谈论不健康、色情的话题，更不要随意与异性打闹，甚至进行身体上的接触。当你自己的言行端正时，自然而然就会形成一种气场，一种威慑力，让对方不敢也不能对你产生非分之想。

2. 注意交往的时间和场地

女孩，在与异性交往的过程中，尽可能不要单独与其外出，不要去偏僻、隐秘的地方，尤其是隐含不安全因素的娱乐场所。如果要出行，尽可能选择白天。无论什么原因，都尽量不要在夜晚出行。

3. 勇敢地对性骚扰说"不"

女孩，一定要记住，隐忍和逃避只会助长邪恶之人的胆量，而不能保护自己。所以，当遇到性骚扰或者异性纠缠时，要勇敢地对他们说"不"，态度明确、严词拒绝、摆明立场，坚决不要妥协。

女孩，一定要时刻有保护自己的意识，不要给为非作歹的人可乘之机。

智慧的大脑是自救的最大保障

女孩，关于如何保护自己，以及不同情况下应该采取什么样的措施，前文已经讲了很多。但是，方法和技巧是死的，现实情况却是多变的。所以，一旦遇险，你不要只知道生搬硬套，而要懂得利用智慧去与对方周旋，多想办法。要记住，智慧的大脑是你自救的最大保障。

2019年4月，赣州市南康区发生了一起绑架案件。值得关注的是，该案的被绑架者是一名初中女生，在她动之以情、晓之以理的劝说下，绑架犯最终放弃伤害行为，并将其送回学校。这个案件堪称"教科书式自救"的典范。

据悉，绑架犯罗某因参与网络赌博输了近3万元，心中很是郁闷，于是心生歹意，想走一个"来钱快"的捷径。他驾车至南康城区，看见中学女生陈某独自一人行走。于是，他将车开至陈某身边，拿起车里的一个酒瓶砸向陈某的脑袋，随后将陈某抱上车。见陈某扭身挣扎，罗某再次用酒瓶猛击陈某的头部。陈某害怕再次被打，假装晕倒。于是罗某驾车将陈某带走。

大概行驶了10分钟后，车子停在一条无人的街道。罗某一手掐住陈某的

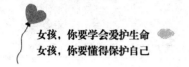
脖子，一手在陈某的口袋里找钱。此时陈某已经冷静下来，她尝试与罗某沟通，问罗某为什么绑架她，罗某说出了实情。陈某说："现在到处是监控，你跑到天涯海角也会被抓住的，你一定要冷静点儿。我家庭条件不错，我可以让我父母送钱过来给你，只要你不伤害我……"

罗某听了陈某的话，冷静了许多。陈某见状，继续和他聊天。在得知罗某平时迷恋手游"王者荣耀"后，陈某谎称自己也爱玩游戏，还请求罗某玩几局，让她学一学游戏操作。没想到罗某答应了。玩了几局后，罗某的心情平复了很多，说："今天时间不早了，我先送你回去，改天让你父亲打钱给我。"然后把陈某送到学校门口。

后来，陈某报警，罗某被抓。经法医鉴定，陈某的伤势为轻微伤。案发后，罗某家属与被害人陈某的父母达成刑事和解并赔偿4万元，取得了陈某及其父母的谅解。

女孩，你是不是很佩服案例中的陈某呢？她真的是一个很有智慧的小女孩。虽然她的年龄并不大，但是她处理事情的方法却很成熟：在孤立无援，生命受到威胁时，陈某表现出了应有的顺从，有效地保护了自身安全。通过聊天缓解绑架犯罗某的情绪，并规劝罗某冷静行事，最终救了自己。

女孩，现实生活中你也有可能会遇到类似的危险，当危险来临时你应该保持一颗冷静而智慧的头脑，因为与犯罪分子相比，你实在是太柔弱、太稚嫩了。因此，面对坏人硬碰硬绝对不是明智的办法，你也要像陈某那样，善于运用自己的细心和智慧来实现自救。下面来看几点具体的方法：

1. 尽可能地拖延时间

遇到危险时，你可以尝试跟犯罪嫌疑人聊聊天，或者找一些理由拖延时间、转换地点，从而便于让更多的人发现自己遇险。

2. 等待机会的到来

女孩，一旦危险发生，你一定要有耐心等待求救的时机。不是每一个时刻都适合你求救、自救，也不是每个场所都有利于你逃脱。因此，不要心急，要学会等待，用你的耐心来换取自身的安全。

3. 不断尝试脱险办法

脱险的方式不是只有一种，你要根据实际情况不断地去尝试。不要因为害怕而不敢反抗，也不要因为一次的失败就放弃后来的机会。一定要有获救的信心，并不断尝试各种办法。如果对方求财，那么一定要学会放弃身外之物来换取生命的安全；如果周围人流众多，那么一定要把握时机大声呼救；如果没有机会呼救，那么就想办法利用上厕所、吃饭等各种时机逃跑。你一定要记住，百密一疏，犯罪分子疏忽的时候，恰恰就是你获救的最佳时机。

4. 机会来临时果断行动

女孩，当你看到逃跑的机会时，不要犹豫，一定要果断采取行动，利用犯罪分子的措手不及为自己争取机会。

女孩，没有什么方法是万能的，也没有什么方法是一劳永逸的，只有当你学会灵活地运用智慧、综合利用各种方法时，你才能拥有守护自身安全的最强大保障。

不可不知的自我防卫撒手锏

女孩，迄今为止，我们已经聊了很多关于安全意识、安全保护方面的内容了。但是，如果你细心体会就会发现在任何一项危险面前，最重要、最关键的防卫措施往往来自你自己。换句话说，在面对危险时，拥有一些必要的自我防卫撒手锏，才是对你安全的最大保障！

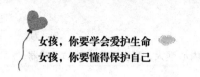

"香香，你带纸巾了吗？"为了赶着来上学，薇薇跑得满脸是汗，一到教室就狼狈地问好朋友香香。"有啊，你去我包里拿吧！"正在忙着擦黑板的香香对薇薇说。

薇薇跑到香香的座位上打开书包，翻了一下找到了纸巾："咦，这是什么？"然后好奇地拿起一个鸡蛋一样的东西。

香香回过头来看了一眼说："防狼的警报器啊！"

"防狼？防什么狼？这个怎么用啊？"香香走到薇薇的身边说："你瞧，这里有个拉环，一旦遇到危险，你一拉，它就会发出高分贝的报警声，而且关不掉，会一直持续20分钟，直到没有电了才停止。"

薇薇看着这个小东西，一方面感觉很惊奇，另一方面又觉得香香有些小题大做："你说你是不是有点杞人忧天了啊，你家住在市中心，小区安保严密，需要用门禁卡才能出入小区、上下电梯，而且刷门禁卡只能上自己的楼层，无法跨层。来学校上学只需要5分钟，你这法宝啊，我看根本就没有用武之地！"

听了薇薇的话，香香正色说："如果用不上当然最好了，我倒是希望自己一辈子都不要用上它。但是我们不能因为用不上就忽视对自己的保护啊！作为一个女孩子，必须要有一些自我防卫的撒手锏才行！这是我爸爸帮我买的。"

香香看着薇薇若有所思的样子，不禁哈哈大笑。薇薇不好意思地说："你说的有道理，我也得准备一个。"

所谓撒手锏是指在最关键的时刻，用最拿手的本事给对方出其不意的打击。香香所携带的警报器就是这样一个撒手锏，试想有哪个丧心病狂的暴徒会在那么急促、尖锐，且持续不断的报警声中还能泰然处之，继续行凶作恶呢？恐怕是警报声一响就避之不及了吧。

作为女孩子，从力量、身体素质等方面与犯罪分子相比都是处于劣势的，如果想有效地保护自己，还要借助一些必要的防暴"武器"，作为保护自身安全的撒手锏。那么，除了香香所采用的警报器，还有哪些撒手锏可供女孩们使用呢？

1. 防狼喷雾

防狼喷雾是一种非致命的防身器材，外观及大小就像口红一样，里面装备的是辣椒水等对人体有很强刺激性的液体。当遇到歹徒时，用它来喷射对方，最好能喷到眼睛上，里面的化学制剂会使歹徒产生眼痛、流泪、咳嗽、恶心、呕吐等剧烈反应，持续时间大约半小时，从而为自己逃脱争取时间。

2. 强光手电筒

女孩，你一定没想到，我们日常使用的强光手电筒也能作为自卫的武器吧。它不但可以作为夜晚照明的工具，在必要时还可以用其强光刺伤歹徒的眼睛，痛击对方。当然，也有防身专用的强光手电筒，这种手电筒的防身效果更好。

3. 沙土等一切可以利用的"武器"

我们看电视或者电影时，常常会看到有人会用沙土来损害对方的视力，没错，就是这种最普通的东西，在必要时也能助你一臂之力。如果遇到歹徒行凶，必要时可以抓起一把沙土或干土撒向歹徒的眼睛，以便为自己争取逃脱机会。

另外，当危险发生时，要抓住一切可以利用的东西去反击，包括地上的木棍、石子，随身携带的水杯、书包等。不必过多地思考这个东西是否有用，能否起到反击的作用，只要能抓到就要去用。

4. 女子防身术

女子防身术是女孩在受到或者即将受到不法侵害时，为摆脱或反击歹徒而进行防身自保的能力。其最大的特点就是实用，没有固定的招数和规则，可以自由发挥，使用所有可以使用的手段，只要达到目的即可。

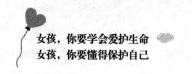

女孩自我保护的五大技巧

作为一名女孩子，你天生就具有善良、同情、博爱等特质，但是，这些人性的优点在狡诈的犯罪分子眼里也许就变成了最容易被攻击的弱点。所以，我们来谈谈如何在保持自我的同时，充分地保护好自己。

1. 避免夜间出行，不让自己落单

研究表明，每天晚上11点到次日凌晨3点是犯罪的高发时期。在这个时间段要尽量避免出门，更不要单独行动。所以女孩，千万不要在这段时间去挑战自己的幸运指数，也不要抱有侥幸心理。

2. 让自己看上去很强大

女孩，你说说看，通常罪犯会挑选什么样的人下手？是漂亮的？身材好的？还是……有调查表明，犯罪分子在挑选"猎物"时，长相身材等并不是最关键的，他们挑选的往往是外表看起来柔弱的，没有什么反抗能力和反抗意识的女孩。所以无论何时走在路上，女孩都应该昂首挺胸，充满自信，让那些心怀不轨的人离你远远的。

3. 留意辖区报警电话

每个区域都有属于自己辖区的派出所和警员，与110相比，他们有着距离近、出警快、熟悉地形等特点，所以，一定要牢记辖区内的报警电话。在日常生活中可以关注一下小区宣传栏、楼道安全宣传等处的警员介绍，一般都会标有联系电话。

4. 紧急呼救要简洁明确

一旦遇险，在呼救时要注意几个细节：

（1）尽量用最简洁的语言来呼救，比如"抢劫！报警！"让周围的人第一时间明白发生了什么事情，而不是唠唠叨叨地叙述事情发生的经过，辩解与坏人之间的关系，没有人有时间和耐心去听一个路人的诉说。

（2）呼救的声音一定要尽可能大且清晰。这样你的声音在嘈杂的环境中，才能冲破喧闹被人们听到；在寂静的夜晚才能传递得足够远，让更多的人听到。

（3）要不断重复呼救。短促而重复的呼救能让越来越多的人迅速了解情况，从而实施帮助。

5. 相信自己的第六感

当身处不良环境时，女性往往会有强烈的第六感，觉察到环境中发生的微妙变化，感知到危险即将来临。女孩，当这种感觉发生时，你一定要相信它，不要去深究为什么，也不要再继续等待，一定要迅速采取自我保护的行动，即使虚惊一场也好过坠入深渊。

女孩，请记住，在任何情况下你的生命都是最宝贵、最重要的。生命只有一次，而且是不可逆的。如果对方想要钱财，那么就把钱包给他，不妨丢得远远的，趁着对方去捡的时候，你赶紧逃走。如果对方想劫色，在实在避免不了的情况下，保住自己的生命，保护自己不受更大的伤害才是重中之重。

提高自我保护能力的六个方法

女孩，你是不是觉得在学校有老师和同学的保护，在家有父母的保护，没有必要学习自我保护技巧了呢？如果你这样想问题，那就大错特错了，因为在很多时候，提升自我保护能力才是最根本的，你不会永远时时刻刻都处于被他人保护的情况下。那么，就让我们一起来看看，在日常生活中，你能做些什么来提升一下自我保护能力。

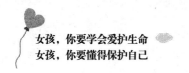
1. 具备强烈的自我防范意识

自我防范意识是提高自我保护能力的前提。就防范侵害的能力而言，女人的身体力量处于弱势的地位，而未成年女孩的防范能力就更差些。因此，要想更好地保护自己，女孩首先要具备强烈的自我防范意识，其次要努力提高其他方面的防范能力。

2. 强身健体，提升防身能力

女孩之所以发生不安全事件的概率要远远大于男孩，体质弱、反抗能力差也占很大一部分原因。因此，日常要多加强锻炼，适当学习一些防身术。哪怕是天天跑步，也有利于提高自己的身体素质，从而使自己在面临危险时增加逃脱的概率。

3. 学会随机应变，机智应对突发事件

没有人知道自己什么时候会遇到危险，也没有人知道自己会遇到什么样的危险。危险的发生通常都是突如其来的，所以女孩，要想提升自我保护的能力就有必要提升自己应对突发事件灵活自救的能力。

由于父母工作忙，常常下班比较晚，正在上5年级的小叶每天放学后都是自己回家。这一天，她像往常一样乘电梯到了自己家所在的楼层，出了电梯往家门口走的时候，小叶突然感觉自己身后似乎跟着什么人，她警惕地回过头，发现是一个穿着黑色上衣的陌生男子边走边东张西望。小叶心想：之前怎么没见过这个人啊，父母不在家，我可不能冒险回家。于是，机警的小叶没有往自己家走，而是敲开了邻居阿姨家的门。后来，那个陌生男子便没有再跟上来。

看到了吧，小叶这就叫机智应变、灵活自救。在面临潜在危险时，没有冒险独自回家，而是转而求助于邻居。你也可以通过各种假想的场景来训练自己面对不同情况时该怎么做。

4. 时刻保持警惕，远离不安全因素

俗话说："害人之心不可有，防人之心不可无。"因为没有哪个坏人脸上贴着标签，也没有哪种危险境遇会明确地告知你小心防范。要想远离侵害，不受伤害，自己必须要时刻保持警惕。不听信陌生人的话，不随便跟着陌生人走，随时留意周围环境中的不安全因素，保持强烈的自我保护意识。

5. 拒绝各种诱惑，凡事安全第一

说起诱惑，你可能会觉得这个词离你很远。其实，在这里所说的诱惑并非特指所谓的好吃的好喝的那些实物的诱惑，还有一些无形的诱惑也存在危险。比如陌生人对你的赞美、朋友夜晚的邀约等，都可能让你头脑冲动地跌入陷阱之中。

15岁的美美常常跟同学们玩"大冒险"的游戏。这天晚上上完晚自习，同学们一起结伴在回家的路上讨论起谁的胆子大，美美大言不惭地说："你们所有人都没有我胆子大！"在同学们的起哄下，美美独自踏上了回家时必经的另一条小路，并跟朋友们约定在××路口会合。

美美进入小巷不久就想起了爸爸曾经给自己讲过的安全知识，她顿时感觉毛骨悚然，但是自尊心让她又不得不硬着头皮、壮起胆子走了下去。

当同学们见到安然无恙的美美时都佩服得不得了，而美美心里却暗暗后怕。

美美面对的是一种诱惑——"打肿脸充胖子"的虚荣之心，而将自己陷入了十分危险的境地。还好，美美幸运地安全抵达会合点，否则又将是多么大的遗憾啊。

6. 学习安全知识，提升自己辨别是非的能力

作为未成年人，阅历不够丰富，心理不够成熟，很难识别骗术。而

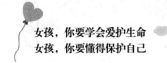

对于这方面的经验也是无法单纯依靠个人生活积累的，因此，女孩平时要养成通过书刊、网络等渠道了解与女孩安全相关的知识，学习女性自我防护的方法，养成安全出行的习惯。通过学习，了解一些新的骗术以及可能出现危险的情况，从而提升自己辨识善恶、好坏的能力，更好地保护自己。

求救信号要记清，危难时刻管大用

女孩，说到求救信号，你第一个想起的是什么？对，"SOS"。那么除了这个，还有哪些求救信号呢，以及如何正确使用呢？现在，我们就来聊聊这些方面的知识。

一天晚上，家住某小区四楼的小路与妈妈独自在家，二人正坐在沙发上看电视，突然听到楼下传来一阵阵嘈杂声，还有很多人喊叫的声音。不明就里的小路跑到窗口一看，一股浓烟从二楼的窗口冒出，原来是楼下着火了。

妈妈一听发生了火灾，拉起小路的手就往门口冲去。结果门刚一打开，一股浓烟就直冲进来，把妈妈呛得咳嗽起来。小路赶紧把门关上，她跑到卫生间把毛巾打湿后递给了妈妈一条："妈妈，别着急，您先用毛巾捂住口鼻。咱们家的手电筒在哪里？"

妈妈指了指卧室说："在卧室的床头柜里。"

小路把妈妈安顿在沙发上后，迅速跑到了卧室里，很快便找出了手电筒。拿到手电筒的小路跑到窗口，只见火势越来越大，整栋楼都已经被滚滚的黑烟包围。妈妈在她的身后焦急地喊着："小路，你在干什么？小心点！"

小路顾不上解释，将手电筒打开，对着外面用间隔闪烁的灯光发出求救信号。

此时消防官兵们已经到了楼下组织救火、救援。他们透过不断吞吐的火舌和黑烟在拼命寻找着火灾中的身影。突然一名消防员看到了四楼窗口小路发出的求救信号，便激动地叫了起来："快看，那里有人，在四楼！"根据灯光显示的位置，消防员们很快便制订出了救援计划，并顺利救出了小路母女俩。

现场得知情况的人们都为小路的机智勇敢赞叹不已，纷纷向她竖起了大拇指。

看了这个案例，你是不是也很佩服小路的机智勇敢呢？在危急时刻小路没有慌乱，先是用湿毛巾进行了自我保护，接下来又根据自己所学的知识，用手电筒发出求救信号，最终使得自己和家人获救。

求救信号能够放大求救者的目标，使其显示出与周围明显的不同，从而便于被救援者发现，实现自救。小路在这里所采用的方法就是利用手电筒的光线来使得自己在浓烟包围的一栋楼中格外突出，从而被消防员快速捕捉到。这种求救信号称为"光线求救"。在遇到危险的时候，除了利用手电筒，还可以用镜子反射阳光等方法求救，每分钟闪照6次，停顿1分钟后，再重复进行，直到有人来救助。

那么，在危急时刻，除了上述所说的方式，还有哪些可以采用的求救信号呢？下面就让我们一起来看一看。

1. 声响求救

遇到危险时，我们通常会条件反射地大声呼救，就属于声响求救方式。另外，还可以利用哨子的声音，或者敲击脸盆、锅等能够发出声音的金属器皿，甚至是打碎玻璃、瓷器等物品向周围发出求救信号。

2. 抛物求救

当在高楼遇到险情时，可以从高空抛下枕头、衣服、空饮料瓶等不易砸

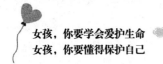
伤人的物品，引起楼下行人的注意，同时这也指明了具体的方位。曾经有这样一个案例，一名女孩遇到入室抢劫的坏人，她悄悄地将衣服从窗口抛下，最终成功获救。

3. 烟火求救

在野外遇险时，可以通过烟火来求救。要注意的是，如果是在白天，点火的目的是产生浓烟，通过烟雾来显示你的方位。可以试着点燃一堆火，然后在上面放置新鲜的树枝、青草等植物来使火堆发出烟雾。如果是晚上，则点火的目的就是产生巨大的亮光。所以此时就需要利用干柴，点起火堆，以便发出耀眼明亮的火光。

4. 图形求救

最主要的求救图形就是你所熟知的SOS，这是国际通用的求救信号，可以说这三个字母不分国界、不分种族，不需要翻译，几乎人人都能看懂。当遇到危险分子时，可以悄悄利用笔、颜料等各种物品写出这三个字母来向周围人求救。当在户外遇险时，可以利用树枝、石块等一切可以利用的材料，在空旷的地上摆出SOS的字样。也可以将草地上的草拔除，形成SOS的图形。字要尽可能大，保持长度在5～10米，便于搜救人员发现。

5. 摩尔斯电码求救

利用光线、声音、敲击等方法发出求救的信号，确保频率是3短—3长—3短。每发送一组后，稍微停顿一下再发。地震发生时，很多被压在地下的幸存者采用的就是这样的方法，最终获得了救助。

女孩，你一定要牢记以上的这些求救方法。万一哪天置身于危险之中，它们就是你重获新生的关键。

关键时刻懂得拨打110、120、119等求救电话

女孩，当你遇到危险，人身安全受到威胁时，除了进行必要的自我防卫，还必须懂得找准时机，呼叫外援，也就是及时报警，拨打110等报警电话。

2017年4月的一天晚上，16岁的小莉正在家里无聊地看着电视，突然电话响了，是好朋友莎莎打来的："小莉，出来一起去吃宵夜啊！"

小莉看看外面天色已晚，有些犹豫："天都黑了，我就不出去了！"

"不行，你赶紧的吧，咱们×××夜市门口见哈。"

小莉到了夜市门口发现除了莎莎，还有另外两名男子。一看到小莉，莎莎就迎了上来，指着那两个男人说："这是我新认识的网友强哥，这个是强哥的朋友李哥。"

小莉礼貌地打了声招呼。一行四人就找了一个摊位开始吃起来。

四人吃饱喝足后，强哥送莎莎回家，李哥也自告奋勇地要送小莉回家。小莉推辞不过就一起往车站走去。夜晚的路上非常寂静，一个行人都没有，小莉正有些担忧时，坏事情果然发生了。李哥突然掐住小莉的脖子，把她拖到了路边的巷子中。一时间，小莉脑子里乱哄哄的，吓得手脚发软，她求饶道："李哥，求求你，放了我吧。我还是个学生。"

李哥呵斥道："闭嘴！跟我去河边的小树林，否则就掐死你。"

小莉跟随着李哥跌跌撞撞地往小河边走去，一边走一边强迫自己镇定下来，她想起自己为了以防万一，曾经把报警电话110设置成一键报警。于是，她悄悄地把手伸到了口袋里，摸到手机拨出了1号键。

隐隐约约听到接线员的声音时，小莉开始假装跟李哥聊天："李哥，你轻点儿掐我的脖子，我听你的话，跟你走！我们从×××夜市到小河边的树

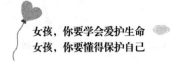
林还要好远的距离呢，万一被人看到就不好了……"

李哥听着小莉的话开始不耐烦了，挥手就打了她一巴掌："你哪儿来的那么多话啊！"

小莉被打得惨叫了一声，她担心自己被这个脾气暴躁的恶魔灭口，于是说道："李哥，你别打我啊，那个小树林太不方便了，要不我们去宾馆开房吧，我知道这附近有家××宾馆。"

李哥粗声粗气地说："看不出来啊，你还挺老练的。行，那就去宾馆。你说吧，怎么走？"

这一系列的对话都被110接线员听了个一清二楚。根据对话，民警判断出女孩遭到了劫持，并且是在×××夜市附近，正准备前往××宾馆。于是，辖区内110立刻出警，根据电话中提供的线索兵分几路展开排查。

大约10点20分，××宾馆里，正当小莉被李哥扑倒在床准备侵害时，警方破门而入，迅速控制了李哥。看到及时赶到的民警，小莉再也忍不住大哭起来。

女孩，你在看这个案例时是不是为小莉悬着一颗心呢？的确，这惊心动魄的两小时真的是太让人紧张了。好在机智的小莉及时拨打了110报警电话，并且在被人挟持的情况下，还能冷静、清楚地说明了事发地点、当前的事态等信息，从而使得110民警尽快找到自己，使自己获救。

这个案例告诉我们，拨打报警电话也是个技术活儿，虽然说到110、120、119等号码，每个人都烂熟于心。但是，究竟该如何拨打这些电话，以及打通电话后需要说明哪些情况，提供哪些必要的信息，想必你并不是那么清楚吧。下面就让我们一一来了解一下吧。

1. 110——报警电话

当发生杀人、放火、强奸、抢劫、盗窃、斗殴等刑事、治安案（事）件时，当发现自杀、坠楼、溺水者时，当发现老人、儿童或智障人员、精神疾病患者走失时，当公众遇到危难孤立无援时，应立即拨打110报警。

要及时、就近报警，若情况紧急，当时无法及时报警，那么应在制服犯罪嫌疑人或脱离险情后，迅速报警。报警时要按照民警电话中的提示讲清楚基本情况：求助的原因；犯罪嫌疑人的数量、特点、携带的武器；报警人所处的位置、姓名、联系方式；现场的状态如何；等等。注意表达清晰，如实表述，不可以夸大、歪曲。

作为未成年人，报警时应首先保护好自身安全。其次，要保护好现场，以便民警赶到现场提取痕迹、物证。最后，积极配合到场民警进行调查。

2. 120——急救电话

当需要医疗急救服务时，要拨打120急救电话。

切记保持镇静，说话清晰易懂。第一要讲清楚病人的年龄、性别，以及地址，务必要具体到房间号，如果不知道确切地址，至少要说明是哪条街，有哪些标志性的建筑物等。第二要讲清楚病人的典型症状，发病时间，以及现在的表现和状态，比如昏迷、呕吐等。如果是意外受伤，则要说明受伤的原因及受伤部位的情况等。报警后务必保持电话畅通，如果有条件尽可能到路口去引导救护车及时出入。

3. 119——消防报警电话

当发生火灾时，要沉着冷静，立即切断电源，然后再拨打119报警电话。简单明确地说明起火的详细地址，一定要具体到门牌号；说明起火的原因，是什么燃烧物着火，目前的火势大小，周围是否有易燃易爆的物品等。讲清楚现场人员情况，有无伤亡以及被困人员。报警后要保持电话畅通，最好到路口指引消防车尽快赶赴现场。在等待救援时，如果火情发生了变化，一定要及时告知，以便消防人员调整力量部署。

除了以上报警电话，还有以下报警电话：

122——交通事故报警电话。

999——红十字会急救电话。它也能够开展医疗救助。

12110——短信报警电话。当电话报警不方便时，可以把案情简短描述

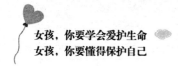

后，附上地址发送短信报警。

12395——水上搜救电话。当乘坐轮船或者在海水里游玩发生事故时，拨打此电话会有专业海警实施救援。

女孩，在遇到危险的时刻，报警电话就是你的一线生机，一定要掌握这些必要的报警电话和报警知识，在关键时刻懂得利用它们，保护自己。

第九章

任何时候，
生命都是最宝贵的

　　每个孩子都是父母的掌上明珠，父母永远都是你最可信赖的人。无论遇到什么事情，遇到什么困难，你都应该跟父母说，向父母求助。千万不要用稚嫩的肩膀独自承受压力和痛苦，更不能一时想不开而做出自我伤害的傻事。要记住，任何时候，生命都是最宝贵的。

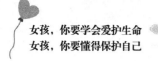
生命是一次单程的旅行

近年来，青少年犯罪、自残、自杀的新闻屡见报端，其中当事人是女孩的比重占据不少。为什么这些女孩小小年纪就因各种问题选择轻生？这里面的原因多种多样，有的女孩是因为学习压力大，感到无法承受而轻生；有的女孩因为玩手机，被父母批评，一时想不开而轻生；有的女孩是因为同学之间矛盾而轻生；有的女孩是因为青春期恋爱问题而轻生……但这些女孩轻生的根本原因是生命意识淡薄。

为什么有些女孩生命意识如此淡薄？追根溯源，是由于父母对她们生命教育的缺失造成的。因此，她们不知道生命的可贵，不懂得尊重生命、爱护生命、珍惜生命、敬畏生命。于是，在遭遇挫折和打击时，想不开了可能就会轻生；与人发生矛盾时，冲动之下也容易做出自残、轻生行为。

2020年7月19日，湖南省常德市桃源县公安局某派出所接到报警：有一名女孩在辖区某商住楼顶欲跳楼轻生。接警后，民警第一时间赶到事发地点，发现临街一栋商住楼的六楼，有名女子站在外天沟边哭泣。楼顶没有栏杆，女孩稍有不慎就会跌落下去。女孩的父母爬到楼顶对她进行劝说。楼底有很多围观群众，更有好事者用手机直播。

为确保女孩的生命安全，民警立即请求指挥中心支援。同时兵分两路：一路疏散现场的围观群众，避免群众聚集给女孩造成心理压力；一路上楼和女孩家长沟通，了解女孩轻生的原因，以便对女孩做好思想劝导。经了解，女孩轻生的原因是与同学发生矛盾，一时想不开。

不一会儿，特巡警和消防队员赶到现场。经商议，他们果断制订出营救方案。民警对女孩进行正面劝说，分散女孩的注意力。一名消防员套上绳索，从女孩身后接近，伺机将女孩抱住，女孩成功得救。

案例中，女孩轻生之举引来社会各方高度关注，若不是民警、特警、消防队员合力搭救，后果不堪设想，也将对女孩的父母造成重大伤害。所以女孩，你爱父母吗？他们含辛茹苦把你养大，你怎能以轻生行为"报答"他们呢？

女孩，生命是一次单程的旅行，任何人都不可能重来。如果你放弃了自己的生命，那你将再也不能复生，只能给亲人、朋友留下无尽的痛苦和遗憾。所以，女孩，你一定要珍惜自己的生命，同时尊重他人的生命。

那么，如何树立强大的生命意识呢？

1. 了解生命的意义，才能珍惜生命

"生命的意义是什么？"这是一个长期困扰着人类的难题，每一种答案都是对这个问题的一种诠释，但每一种答案又无法完全回答这个问题。对于处于成长阶段的女孩来说，生命的意义不外乎好好学习，天天向上，热爱生活，与人为善，保持纯真和善良，爱自己，也爱他人；还可以尽己所能奉献爱心，多做对他人和社会有益的事情。比如，自觉地爱护环境、爱护花草树木、爱护小动物；去敬老院看望老人，到社会福利院做义工照顾孤儿；接触大自然中美好的东西，让内心充满正能量。

2. 尊重生命，学会与他人友好相处

女孩，尊重生命不仅要尊重自己的生命，还要尊重他人的生命，与他人友好相处。我们每个人都是社会这个大家庭中的一员，尊重生命、关爱他人是我们的责任和美德。如果你发自内心地关心别人、帮助别人、宽以待人，你就能更好地融入到集体生活中，你就会被爱围绕，生活就会变得更加美好。

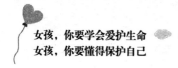
3. 正视死亡，坦然面对生命的消亡

生命是一条单行道，死亡是无法避免的。它和出生一样，是每个人都必须面对的人生问题。因此，不要害怕和父母谈论死亡问题，对于有关死亡的疑问，你不妨大胆地向父母提问。比如，当亲人离世时，让父母带你去参加葬礼，感受葬礼现场的气氛，感悟一个人离世后，亲友的哀痛之情，以此感悟生命的可贵，从而明白珍惜生命、爱护生命对亲人的意义。

当你的亲人离世时，请不要压抑内心的悲痛情绪，坦诚地表达出来，或放声大哭，或掩面抽泣，或用纸和笔把悲痛之情写出来。不过悲伤终究不能代替你继续生活，悲伤之后还需坦然面对生命的消亡，继续快乐地生活，这样才对得起逝去的亲人。

不自残也不残害他人

自残是指人对自身肢体和精神的伤害，它导致的最极端后果就是自杀。在现实生活中，自残行为时有发生。甚至在网络上，我们还可以经常看到一些女孩自残后上传的惊悚图片。自残是一种十分病态的行为，应当坚决避免这种情况发生。

我们先来看看下面的案例。

14岁的小梅来自一个单亲家庭，父母在她很小的时候就离异了，后来母亲带着小梅再婚，但继父对她并不好，她也没有体会到家庭的温暖。等小梅上了初中，母亲就将她送到了一个寄宿制学校就读。

由于离开了母亲的呵护，小梅严重缺乏家庭的温暖，她就通过身边的异性寻求情感上的安慰。小梅很快与同班男生小明发展成了"男女朋友"关系，甚至两人还多次趁节假日，在小明的家中发生了性关系。

但没过多久，小明又喜欢上了别的女孩，这令小梅十分痛苦，可她又找不到人倾诉，心里郁闷极了。直到有一天，她拿起了一把削铅笔的刀子，对着自己的手臂猛地划了下去。鲜血一下子流了出来，小梅浑身一激灵，却似乎没有感到疼痛，甚至还有一丝痛快的感觉。此后，她"迷恋"上了这种自残带来的感觉，每当郁闷时都会用自残来发泄自己。

后来，一个偶然的机会母亲发现了小梅胳膊上的各种疤痕，起初她还以为孩子是在学校受到了别人欺负，后来才知道是小梅自己划的。母亲带着小梅去医院看心理医生，经过心理咨询师的耐心交流和一系列心理测试，才得知小梅童年时缺少家庭温暖以及班里男生对她的伤害，是她自残的最主要原因。经过心理医生和母亲的不断疏导，小梅逐渐改掉了自残的行为。

案例中的女孩小梅遇到了自己无法解决的问题，也找不到倾诉内心感受的对象，因此内心十分压抑。当她遇到伤心、委屈的事情时，之前长时间被压抑的愤怒就会爆发，使得她将满腔的愤怒转向自身发泄，产生自虐倾向，甚至还有可能形成习惯。实际上，这种行为就是自残，即自我伤害。小梅选择不断用划伤自己来发泄内心的不满，用疼痛让自己有着某种存在感，甚至在伤害自己的过程中获得一定的快感……这些都是自残者最真实的内心感受。

女孩，在你的成长过程中，可能也会遇到一些难以解决的事情，或遭受到一些不公平的对待，但是我们必须提醒你，无论受到多大委屈或者在任何情况下，都不要自残。

所以，当你遇到问题时一定要想办法解决。下面，给你几点建议：

1. 不要封闭自己，要学会与人沟通

女孩，凡事都不要太过苛求自己，要学会理智、客观、全面地分析和看

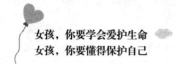
待问题，还有更重要的一点就是不要封闭自己，要学会与人分享、沟通，把自己心中的困惑、不满向他人说出来，宣泄出来，必要时可以求助家长或专业的心理医生。总之，在小事变成大事之前，我们就要把它解决了。

2. 不要模仿别人自残

女孩一定要爱护自己的身体，这是对父母最基本的孝道。因为当你有了伤病时，最担心、最难过的一定是你的父母，甚至父母看到孩子受伤时，会比自己受伤还难受。因此，千万不要模仿那些有自残行为的女孩，要知道，自残是一种最愚蠢的解决问题的办法，只会让问题变得越来越糟。

3. 不要自残也不能伤害他人

有的女孩在重压之下会变得不能自控，甚至会做出伤害他人的事情，但无论是害人还是害己都不可以，这不但是一种病态的行为，而且是违法的，任何人都没有权利去伤害他人。

2016年9月16日，黑龙江省肇东市一名16岁女孩小陈，将母亲囚禁在家中的椅子上，最终致其死亡。

事情的起因是这样的——

小陈初中毕业后没有考上理想的高中，就辍学在家。此后，小陈开始变得十分叛逆，她不但顶撞父母，甚至还经常对父母大打出手。

后来，小陈的父亲将她送到了山东一所"问题少年纠偏"的学校。但这所学校没有让小陈有所改变，反而遭到学校教官的肆意辱骂和体罚，她因而更加痛恨自己的父母。从学校回家后，为了缓和与小陈的矛盾，父母就让她单独住在一所房子内。

2016年9月8日，小陈向家里索要2万元钱，遭到了母亲的拒绝。气急败坏的小陈就将母亲用胶带、布条捆绑在家中摇椅上囚禁了8天，其中4天没给母亲吃饭。直到9月16日凌晨，小陈发现母亲情况危急，她连忙拨打120电话，但最终还是没有能够挽救回母亲的生命。

女孩，我们都不是完美的人，也不可能每一件事情都做得那么完美。所以，无论受到多大的委屈，你都不要选择自残，也不要去残害他人。当我们发现身边的人有这样的倾向时，也要及时劝解，并帮助他们采取正确的方式去与人沟通，获取他们想要得到的爱护。

天大的事都不值得你放弃生命

一份名为《中国儿童自杀报告：中国儿童自杀率世界第一》的文章数据显示，在被调查的2500名上海中小学生中，24.39%的中小学生有过自杀念头，即某个瞬间脑海中闪现出"结束自己生命"的想法。这其中，认真考虑过这个想法的学生占15.23%，计划自杀的占5.85%，自杀未遂的占1.71%。面对这样的数据，有人可能会问：他们为什么要自杀？到底有多大的事情让他们想不开，进而丧失继续活下去的勇气？

（一）

2015年12月月底，甘肃省金昌市永昌县一名13岁女中学生跳楼自杀。事件的起因是该女孩在超市购物时偷东西，价格2元钱左右。女孩被超市老板辱骂，扣留2个小时，勒令女孩把家长叫来，要求赔偿100元才肯罢休。女孩的母亲赶到超市后，因出门比较着急没带多余现金，恳求老板先让孩子去上

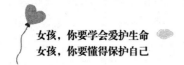
学，自己留下来凑钱，但老板威胁要把这件事拍照片上传到网络、告诉学校。情急之下，妈妈打了女儿……后来，该女孩从高楼跳下，结束了年仅13岁的灿烂人生。

（二）

2019年12月22日，江西宜丰某中学发生一起学生坠亡事件。据悉，12月22日凌晨5点半，宜丰警方接到报警，称有人坠楼。警方迅速赶赴现场，经到场的"120"医务人员确认，女孩已无生命体征。经调查，坠亡者为高二年级女生刘某，因上课玩手机，被老师没收手机，并被要求通知其父母。父母来到学校对其进行了教育，第二天凌晨，刘某就被发现于宿舍楼前坠亡。经公安机关初步认定，刘某的死亡符合高空坠楼死亡特征，排除他杀嫌疑。

（三）

2020年7月7日，湖南省长沙市岳麓区某街道发生一起令人心碎的悲剧，一名10岁女孩自杀身亡。据知情人介绍，当晚21:23分左右派出所接到小区物业报警，称该小区有人跳楼，派出所立即出警。7分钟后救护车到达现场，但医护人员发现女孩已无生命体征。民警随即通知家属，女孩的妈妈赶到后，情绪瞬间崩溃，在现场撕心裂肺地痛哭。而女孩的爸爸则紧紧抱住妻子，试图安抚她的情绪，此情此景令围观者感到无比揪心。

经了解，女孩自杀的原因与父母平时管教严厉有关。作为父母，对女儿管教严厉原本是为了让孩子茁壮成长，但孩子眼中只有责备和谩骂，并未理解父母的良苦用心，结果一时想不开，做出了冲动的行为。

……

看到这些血淋淋的案例后，你的内心是否产生极大的触动呢？事实上，自杀的女孩并没有经历无法逾越的坎坷，她们自杀的原因稀疏平常，或被父母批评、处罚，或和同学闹矛盾。这些平常之事在很多人看来，完全不值一提，但内心脆弱的女孩却无法接受。

为什么会这样呢？说到底，这些女孩面对困难和挫折时，无法及时地摆脱负面情绪的困扰，不能用乐观、理智的心态面对，这是逆商低的典型表现。同时，由于她们对生命缺少正确的认识，不懂得珍爱生命，才导致了一个个悲剧的发生。女孩，你需要的不仅仅是文化教育，还有逆商教育和生命教育。简单地说，就是要学会正确地面对逆境，尊重自己和他人的生命。

具体来说，要做到以下几点：

1. 培养忍耐力，提升意志力

发展心理学上的"延迟满足实验"表明，那些儿童时期能够等待和忍耐的孩子，在青少年时期的自控力更强。而在面对挫折和痛苦时，他们的抗挫力也更强，因此未来成功的可能性更大。相比之下，那些缺乏忍耐力的孩子，长大后则表现得较为固执、虚荣或优柔寡断，在遭受挫折时容易产生绝望和放弃的心理。因此，建议女孩通过培养忍耐力，提升意志力，从而提升自己的逆商，更好地面对困难、挫折和生活中的不如意。

怎样培养忍耐力、意志力呢？建议你经常去运动，跑步、爬山、骑车等，在挥汗如雨中强健筋骨，提升意志力和忍耐力。要知道，运动就是你成长的阳光和雨露，可以加速你的身体成长。这也是积极、健康的压力释放和情绪宣泄方式，可以让你变得更加健康阳光。

2. 学会承担责任，勇于担当

在困难和挫折面前，轻易说放弃的人，是缺乏责任感的人，是没有担当的人。这样的人将来走向社会，在工作和生活中遇到问题时往往会找借口逃避，而不是积极思考，想办法解决问题。女孩，你肯定不希望自己变成这样的人吧？那么，从现在开始就要强化自己的责任意识，做一个勇于担当的人。当你犯了错被老师批评时，要敢于承认自己的错误；当你和同学闹矛盾

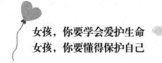

时，要学会换位思考，试着体会别人的想法和感受，学会化干戈为玉帛；当你考试成绩不理想被父母批评时，要认识到父母不过是"爱之深、责之切"，要尽快找出自身的问题，争取下次提高。当你有了这些改变时，你慢慢就会成为一个有责任感、有担当的人。

3. 做一个乐观、理性的孩子

美国可口可乐公司前董事长罗伯特·古兹维塔曾经说过："一个人即使走到了绝境，只要有坚定的信念，抱着必胜的决心，仍然还有成功的可能。"如果你具备这种乐观的生活态度，心头就不会被阴霾笼罩，思想就不会走极端。

想成为乐观的女孩，你首先要记住一句话："没什么大不了！"遇到困难和挫折时，记得对自己说："没什么大不了！"然后再去想办法解决问题。你不仅要做乐观的女孩，还要做理性的孩子。所谓理性，就是理智思考问题，不极端、不冲动。只有具备理性的头脑，遇事时才能够冷静、全面地考虑问题，不至于做出过激的行为，才能够避免伤害自己或者伤害他人。

再大的矛盾都不能剥夺他人的生命

青春期是一个充满混乱和冲突的特殊时期。这一时期，"叛逆"是很多女孩的典型标签。青春期叛逆是可怕的，有时那是一种不计代价的冲动，是不计后果地走极端，很可能伤人伤己，遗憾终生。

13岁少女谭某邀请同学来家里玩，趁同学不注意，拎起棒子猛地击打同学后脑勺，顿时同学昏厥在地。随后谭某找来菜刀、割纸刀、剪刀等工具，把同学杀害。

为防止事情败露，谭某做出了更加惨绝人寰的事情——毁尸灭迹。

如此残暴的手段，简直不敢想象是一个13岁女孩做出来的。那么，她和同学到底有多大的仇恨呢？据谭某说，她之所以杀害同学，只是因为同学比她长得漂亮。她们俩平时关系很好，两家相距不到150米。可是，大家更喜欢和邻居女孩玩，还总说她长得胖，不如邻居女孩漂亮。就这样，谭某怀恨在心，才痛下杀手。

过分看重外貌，并因此心生妒忌，最后残忍剥夺他人的生命，这是一种严重的病态心理。女孩，不要太在意自己的缺点。每个人都有自己独特的魅力，虽然在外貌上可能不如别人，但在其他方面可能会更好。周遭人的语言可能会刺痛你的心灵，你无法改变别人说什么，但自己要学会消化、排解烦恼，切莫钻进死胡同，越想越气。你如果做出伤害别人的事情，其实也是在断送自己的未来。

除了因嫉妒心作祟而剥夺他人生命，还有因同学之间矛盾而剥夺他人生命的，下面的案例也非常耸人听闻：

15岁女孩李某是广东湛江某中学的学生，因同学张某经常欺负她，她怀恨在心，将张某年仅3岁的弟弟杀害。据张某母亲讲述，当天傍晚6点左右她怎么也找不到儿子，半个小时前她还看见儿子在家门口玩耍，转眼就不见踪影。随后，她发动周围邻居帮忙寻找，但整整一夜搜寻无果。

第二天清晨，失踪的小男孩被发现死在离家不远的树林中的垃圾堆旁。警方调查发现，邻居年仅15岁的女孩李某有重大作案嫌疑。最终，李某在教育和引导下，对自己的犯罪事实供认不讳。

青春期原本是活力四射、朝气蓬勃的年龄，应该好好学习，天天向上。

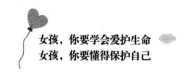

案例里的女孩却在残忍地剥夺他人的生命，真叫人痛心不已。

青少年杀人事件是法治问题，更是教育问题。它所折射出的是家庭教育、学校教育、社会教育中的一个重大缺陷——"对生命的尊重"的教育缺失。从某种意义上来说，这是教育无效或教育失败的直接后果。

女孩，你可以学习不够优秀，你可以有不完美的行为习惯，你也可以脾气不好，但是你的内心不能缺少真、善、美。正如爱因斯坦说的那样："照亮我的道路，并且不断地给我新的勇气去愉快地正视生活的理想的，是真、善、美。"因此，任何时候，遇到再大的矛盾都不能剥夺他人的生命，这是对生命最起码的敬畏。

1. 管好你骨子里的攻击性

每个青春期孩子心中都有一头"猛兽"，就像隐藏于海底的鲨鱼。有一天，当有人触动你内心的猛兽时，你就会像鲨鱼那样腾空而起，扑向那个触怒你的人。暴怒之下，你很可能做出伤害他人的行为。多数女孩是父母心中的乖孩子，是老师心中的好学生，是同学眼中的好同学，但却在某个时间节点成为触犯法律的杀人犯。

攻击性是男人的天性，但青春期的女孩也有这种天性。作为女孩，你必须管好骨子里的攻击性，拴好那头"猛兽"，你要明白一点：靠武力、暴力是解决不了问题的。

当你与他人发生矛盾时，你可以生气，可以愤怒，但请管好自己的双手，不要做出伤害他人的行为。比如，不要抄起东西砸向对方，或拿起尖锐物品刺向对方。你要时刻提醒自己：君子动口不动手，除非在万不得已的情况下，比如遭到他人的攻击，你才能进行自我防卫。

2. 学会正确面对挫折

青春期女孩的自尊心很强，对待挫折又特别敏感，而挫折是导致女孩产生攻击行为的主要原因。女孩，你要清楚自己未来的路还很长，你的一生会遇到很多挫折，你现在所遇到的挫折比起你将来遇到的挫折，真的微不足道。面对挫折，唯有去正视它，找到挫折产生的原因并加以分析、总结，去战胜它，才能让自己变得强大，才能不断进步。

对于人际关系中的矛盾和挫折，只要不是原则问题，都可以大事化小，小事化了。俗话说："忍一时风平浪静，退一步海阔天空。"你要学会适度容忍、宽以待人，这样既能培养自己的心理承受力，又能避免产生攻击行为对他人造成伤害。

3. 通过课余活动化解负能量

一味地容忍，一味地把负面情绪压抑在内心深处，既不利于身心健康，也不利于负能量的消除。因为当负面情绪累积到某个临界点时，所引发的负面效应将是毁灭性的。因此，你要学会转移自己的注意力，通过丰富的课余活动化解内心的负能量。比如，唱歌、跑步、游泳、聊天、看电影等，都是释放和化解内心负能量的有效手段。

当你与他人发生矛盾，内心郁闷甚至愤怒时，不妨到操场上奔跑，挥汗如雨，让那些负面情绪随着汗水排出体外。然后回家冲一个澡，再睡一觉，一切烦恼都会烟消云散，第二天起来，继续微笑着面对生活。

与别人发生了冲突怎么办

我们先来看一个案例：

某高中女生宿舍里，住着金某、刘某、罗某和张某。张某由于是家里的独生女，从小生活环境优越，且形成了以自我为中心的性格，经常与寝室其他三人产生矛盾，冲突不断，无法适应宿舍的生活。金某等三人对张某的态

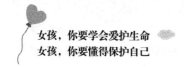

度十分冷淡，经常在闲聊时对张某冷嘲热讽，让张某十分难受。

张某怀恨在心，内心的仇恨日积月累，终于在某个周五放学时，趁金某等三人离开宿舍，她将水泼在三人的床铺上。周一来到学校，金某等三人发现被子湿淋淋的，顿时就知道是谁干的。然后，她们三人将张某暴揍一顿。最终，张某与三名室友的矛盾不可调解，只好另换宿舍。

在这个案例中，面对矛盾冲突时，张某都是带着仇恨的情绪去报复对方，而不懂得如何化解冲突，维护和谐的人际关系。这一方面与青少年身心发展的特点有关，特别是处在青春期的孩子，其内心极度敏感，情绪张力太大，很容易发生情绪失控、行为失常的冲动行为，甚至做出令自己和他人后悔的事情。另一方面，这与张某的成长环境有很大关系，由于从小在家里比较受宠，而父母又没有教育她如何处理人际冲突，所以她面对冲突时显得很不适应。

生活中，有些父母教过孩子如何处理人际冲突，但由于错误的教育，而使孩子用错误的方法解决问题。比如，家长教孩子"别人打你，你就打回去"。殊不知，打架是无法解决问题的，相反，只会让矛盾激化，变得一发不可收拾。而且习惯于用打架的方式解决问题，还容易将原本温柔乖巧的女孩塑造成一个有暴力倾向的人。另外，如果女孩在打架中经常败阵下来，还会加剧她的弱者心态，使她变得更怯弱。

其实，女孩之间磕磕碰碰、吵吵闹闹是再正常不过的事情。尤其是随着年龄的增长，到了青春期，女孩的自尊心、虚荣心特别强，很容易与人发生口角、摩擦，甚至更大的冲突。那么女孩，当你与别人发生了冲突之后该怎么办呢？我们不妨先看一个真实的案例，看看别人是怎么处理冲突的。

女孩小凡在食堂打饭时，看见一个陌生的男同学插到队伍的前面，便忍不住大声对那个同学说："你怎么可以插队呢？请自觉排队！"

"我没有插队啊，我没饭卡，就想问问可不可以用钱来买饭菜！请注意你的说话态度好吗？"那名男同学很委屈地说。

"可以用钱买饭菜，快到后面排队吧！别吵了！"队伍后面的同学提醒道。

下午上课的时候，老师带了一名新同学走进教室，小凡一看，居然是中午那名"插队"的男同学。

下课后，小凡主动找到那名男同学："很高兴和你成为同班同学，今天中午误会你了，对不起啊！"

新同学见小凡态度友好，笑着说道："没事的！以后还请多关照啊！"

女孩与别人发生冲突后，完全可以像这个案例中的小凡一样，以友好的姿态主动道歉，化敌为友。而作为冲突的另一方，在对方道歉之后，也应该绅士地握手言和，而不是得理不饶人。这种友好、包容的姿态，才是处理冲突的最佳策略。

下面，我们就来看看在发生冲突后，具体该怎么化解：

1. 先找出冲突的原因

女孩，当你与别人发生冲突时，不妨冷静地想一想，发生冲突的原因是什么。如果你找不到原因，不妨找"旁观者"帮自己分析一下。因为旁观者往往能够客观地分析问题，便于不偏不倚地找出原因。如果起因在于自己，那么就要及时向对方道歉，请求对方原谅自己。如果错在对方，也要找到恰当的时机与对方沟通，并表达出不计较的友好态度。

2. 尽量自己解决问题

当你和别人发生冲突不严重时，不要轻易找父母或老师出面干涉，而是先要自己想办法解决。如果冲突实在无法化解，你再把事情告诉父母或老师，请他们帮忙出谋划策，给你一些指导和建议。你再参考他们的指导和建议去化解冲突。这样有利于锻炼你独立处理问题的能力，提升你与人沟通、

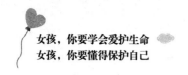
交际的能力。

3. 找中间人调解

女孩，如果你和同学产生矛盾冲突，自己做过努力后，仍然无法消除矛盾、化解冲突，那么你不妨找个中间人来帮忙，让他来调解你们之间的矛盾。找中间人需要注意的是，一定要找一个跟你们两人都熟悉也信任的人。这样的话，他才能够站在一个相对公平公正的立场，客观地分析你们各自的问题，指出你们各自的错误。如果你找的中间人，只和其中一方的关系很好，那么他很可能进行的是不公正的调解，很容易使另一方产生不满，让两个人的矛盾越来越严重。

4. 请父母或老师帮忙

如果你和别人所发生的冲突很严重，你尝试一些解决办法也不管用，并且这个冲突深深困扰着你，那么你可以请父母或老师帮忙，把事情的原委告诉他们，让他们作为中间人来调解你们的关系。相信只要双方父母态度友好，只要老师公正客观地出面协调，再大的冲突也很容易得到化解。

与父母闹别扭切莫离家出走

现在有些女孩与父母发生争吵后，动不动就离家出走。她们本以为只是要要小脾气，却不知这种行为有多么危险。因为赌气而离家出走，很容易被坏人盯上，从而给自己带来危险。

几天前，家住北京市海淀区的小恩因课外辅导班的事情跟妈妈闹矛盾。这天下午，母女俩又为此事吵了起来。妈妈坚持每天放学都要小恩去上课外辅导班，而小恩则坚持要在家里自学，结果13岁的小恩生气地摔门而出，临走前还丢下了一句狠话："这个家我不回来了，我看你找谁去上那些辅导班！"

话已出口，强烈的自尊心让小恩一时半会儿难以回家。她一个人无聊地在家附近转悠了一个多小时，突然手机响了，小恩一看是同学李唐打过来的。她接起电话，李唐问小恩在干什么，小恩便把与妈妈发生冲突的事情都说了出来。李唐一听便打抱不平地说："这些大人们啊，真不知道是怎么想的。得了，你来我家吧，我家附近有个亲戚开的宾馆，到时候我去帮你订个房，你今晚就别回家了，吓唬他们一下，看他们以后还敢不敢逼你！"小恩一听，觉得是个好主意，于是就坐车来到了李唐家。

小恩来到了李唐家才发现，除了李唐还有一名20多岁的男子。李唐大大咧咧地给小恩介绍说："这是我新认识的大哥，于强。"小恩打过招呼后，三个人便一起来到宾馆给小恩订了个房间，而后又在房间里海阔天空地聊到了晚上，李唐和于强便起身告辞回家了。临走前，李唐拍拍小恩的肩膀说："别想那么多了，好好睡一觉，明天回家就没事了。"小恩感激地点点头。

小恩一个人在宾馆里看了会儿电视，突然听到有人敲门，小恩借助猫眼一看原来是于强，便打开了房门。没想到，门刚一打开，于强便强行冲了进来，并就势逼迫小恩与其发生了关系。

受到侵害后的小恩痛哭着给妈妈打了电话，妈妈立刻报警并将小恩接回了家。虽然最终于强受到了法律的制裁，但是留给小恩的却是无法抹去的伤害。

"冲动是魔鬼"，小恩本来只是因为与妈妈有一些分歧而发生了争吵，结果却冲动地选择了离家出走，最终导致了无法逆转的后果。

女孩，随着你慢慢长大，你的思想、观念等也在不断变化和成熟。因为年龄、阅历、立场等的不同，在很多问题上，你和父母会出现分歧。你可以据理力争，也可以激烈辩论，但不要用离家出走的极端方式来释放自己的情

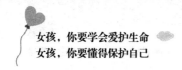
绪。要知道，前一秒你离开了家和父母的庇护，下一秒可能就有邪恶的眼睛盯着你这只离群的"羔羊"。

女孩，无论你和父母争吵得多么激烈，闹了多大的别扭，你都要明白，父母始终都是爱你的。所以，无论情况多么糟糕，都不是你采取离家出走的方式惩罚父母的理由，坦诚相待才是解决问题的根本途径，一走了之是在逃避问题，而不是解决问题。

争吵的目的是解决问题，相互了解对方心中的所想，最终各退一步，获得一个双方都满意的结果。如果说，一吵架就离家出走，那就失去了解决问题的条件，同时也很容易像小恩那样把自己置于危险的境地。你说是这个道理吗？因此，今后与父母产生分歧、闹别扭时，务必做到以下几点：

1. 情绪稳定、态度平和地摆明各自的观点

女孩，当你与父母有不同的观点时，希望你尽可能心平气和地说出自己的想法，摆事实讲道理，相信父母也会控制自己的情绪，不用家长权威来压制你的思想。这是你们解决问题的良好态度，是实现平等沟通的前提。

2. 吵架后坚决不能离家出走

如果说，你和父母一时没忍住，大吵了一架，那么也千万不要离开家。你想冷静一下，大可以关上门回到自己的房间里，给自己的情绪留下一个缓和的时间和空间。如果你实在想出去走一走，想去到同学或者朋友家散散心，那么一定要明确地告诉父母你的具体去向，以及回家的时间。让父母了解你的行踪，从而保证你的出行安全。走出家门，一定要记得安全第一，随时保持与父母联系，遇到危险及时报警求救，避免受到伤害。

3. 换种方式来发泄心中的愤怒

女孩，除了离家出走，其实还有很多其他的方法来使自己的情绪稳定，来舒缓自己的不开心。比如，做点自己喜欢的手工，画幅画，看会儿书，这些都是很好的排解烦闷心情的方法。与离家出走相比，不但安全还有积极的意义。

你一生平安是父母最大的心愿

女孩，在你刚出生的时候，父母曾对你的未来有过很多憧憬，希望你将来学业出色，成为一个有文化、有素质的优秀人才，希望你将来事业有成，能在工作中成为有担当、有影响力的精英，希望你生活快乐，工作顺利，婚姻幸福……但这一切憧憬，伴随着你的成长，父母对你的期望都化为一份虔诚的祈祷：孩子，父母最大的心愿是你一生都能平平安安。

女孩，你可知道人的生命是很脆弱的。我们每天都能从报纸、网络上看到各种各样的青少年伤害事故，如交通意外、被拐被骗、性侵害、校园霸凌、网络成瘾、离家出走、轻生或自杀等。有调查显示，意外伤害是青少年死亡的第一大原因。当一件又一件意外伤害事件出现在新闻里、出现在网络上时，恐怕每个为人父母者都会发自内心地感慨：孩子，你一生平安是我们最大的心愿。

"安全重于泰山"，女孩的安全是父母最为牵挂、最为在意的事情。女孩能够一生平安，也是父母最大的心愿和最大的安慰。经常听到有些父母念叨："我不那么在乎孩子将来考不上大学，也不担心孩子将来找不到好工作，只要孩子一生平安，就是我们最高兴的事情，也是我们做父母最大的幸福。"

所以，女孩你要记住：任何时候，都要把自己的安全放在第一位，保护好自己才是对父母爱的最好回报。父母纵然对你有高期望，也抵不过心中另一个更强烈的愿望——希望你平平安安、健健康康、快快乐乐成长。因为在平安面前，其他一切都是浮云。女孩，你要学会做到以下几点：

1. 要有强烈的安全意识，不要轻信他人

女孩，所谓安全意识，就是在你的头脑中建立起来的安全观念，即对各种可能对自己或他人造成伤害的行为保持一种戒备和警觉的心理状态。比如，不要想当然地认为弱者就是善良的，不会伤害你；不要随便给别人带路，更不能上别人的车，为别人指路；不要随便喝陌生人给你的饮料，吃陌

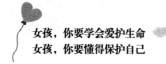

生人给你的食物；有人敲门时，要先问清对方是谁，或从猫眼里往外探个究竟；不要一个人走夜路……

女孩，这些都是你要注意的，要求你有强烈的安全意识。有了安全意识，你才能对可能存在危险的行为保持警觉，才能避免轻信他人给自己带来危害。

2. 正确对待批评和失败，不要自我否定

女孩，在你的生活和学习中难免会遇到一些批评。比如，课堂上表现不好，被老师批评；和同学闹矛盾，被同学们评价为"不好相处的人"。

女孩，成长的道路很长，你也难免会遇到一些困难。比如，升学考试发挥失常，学业之路受阻。

遇到不顺利的情况时，千万别想不开，认为自己这不行、那不行，陷入极度自我否定之中，做出自残、自虐乃至轻生的傻事。要知道，生活不可能永远一帆风顺，人生在世难免有被人批评、否定的时候，难免会有输、有败。但无论如何，你也不能对自己失去信心，而要学会乐观地生活。

女孩，你的心情很可能沮丧、压抑，这个时候千万别眉头紧锁，房门紧闭。试着打开心门，打开房门，走出去和父母沟通，走到外面去放松身心。当你主动和父母诉说心事，并得到父母的安慰和引导时，你就会发现父母永远是你坚强的后盾。当你放眼看世界时，你就会发现自己遭遇的不如意根本算不了什么。

3. 成绩固然重要，但是父母更爱你

有些女孩成绩不好，看到父母失望的眼神，或见父母批评自己，就觉得父母不爱自己，然后感到非常沮丧，甚至产生自闭、轻生的念头。这种想法是非常错误的。要知道，父母对你学习上的要求只是为了让你更优秀，就算批评你，也不代表不爱你。相反，"爱之深，责之切"，父母严厉在本质上是因为爱你。你要记住一点：学习成绩固然重要，但父母更爱的是你。这一点是不会改变的。因此，你要平平安安的，这是对父母养育之恩的最大回报。